手绘世博

上海世博会建筑景观速写
The Architecture & Landscape Sketch of Expo Shanghai

彭军 主编

龚立君 侯熠 王强 都红玉
赵迺龙 高颖 鲁睿 孙锦 编
金纹青 王星航 柴岩 张福瑜

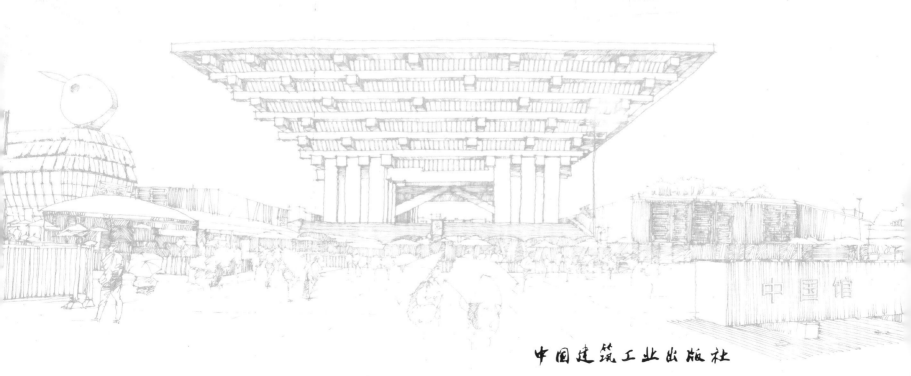

中国建筑工业出版社

图书在版编目（CIP）数据

手绘世博　上海世博会建筑景观速写/彭军主编. ——北京：中国建筑工业出版社，2010.11
　ISBN 978-7-112-12610-1

Ⅰ.①手… Ⅱ.①彭… Ⅲ.①建筑艺术-速写-作品集-中国-现代　Ⅳ.①TU-881.2

中国版本图书馆CIP数据核字（2010）第209294号

责任编辑：吴　绫　李东禧
版式设计：侯　熠　余文达
责任设计：赵明霞
责任校对：张艳侠　刘　钰

手绘世博
上海世博会建筑景观速写
The Architecture & Landscape Sketch of Expo Shanghai

彭　军　主　编
龚立君　侯　熠　王　强　都红玉
赵廼龙　高　颖　鲁　睿　孙　锦　编
金纹青　王星航　柴　岩　张福瑜

*

中国建筑工业出版社出版、发行（北京西郊百万庄）
各地新华书店、建筑书店经销
北京嘉泰利德公司制版
北京云浩印刷有限责任公司印刷

*

开本：787×1092毫米　1/12　印张：22⅓　字数：670千字
2010年11月第一版　2011年9月第二次印刷
定价：68.00元
ISBN 978-7-112-12610-1
　　　　　（19914）

版权所有　翻印必究
如有印装质量问题，可寄本社退换
（邮政编码 100037）

序 | Preface

上海世博会的举办是2010年轰动国内的大事件。不同的人看世博会会有不同的视角，作为艺术院校的师生，就不仅是把世博会看作"经济、科技、文化领域的奥林匹克盛会"，而更愿意把它看成一个世界各国艺术家尽情展示艺术才华的舞台。

本次世博会的主题是关注各国城市的建设和生活。作为环境艺术专业的师生，会特别关注各国的艺术家和设计师风格迥异的建筑艺术展示。我院环境艺术设计系抓住了这一难得的机遇，及时组织学生赶赴世博会，不仅用自己的眼睛去发现每个世博景观设计的精华，还用"手绘"这一最直接的视觉语言，将世博会场馆的景观设计以及内部环境设计完美呈现出来。

这本书的出版，体现了中国高等艺术院校师生对世博会和城市景观的关注，但我们更愿意把它看作一种富有创意的教学实践活动，体现了学生学习的主动性。

中国培养艺术人才的传统历来是通过师承实现的，今天则完全不同了。我们鼓励学生更多地关注社会，更多地扩大视野，特别是国际视野，从而激发内在的创造性。这样，培养高素质的艺术设计人才才是有希望的。

是为序。

As the most striking event in the year 2010, Shanghai Expo has stimulated different reflections among different people. The students and teachers from an art academy may regard Expo as a stage for worldwide artists rather than "an Olympic Games of economy, science, technology and culture".

The construction and lifestyle of cities has aroused great attention owing to the theme of Shanghai Expo, "better city & better life". The Expo provides an opportunity to appreciate different architectural styles for the students and teachers majoring in environmental art design. The Department of Environmental Art Design of TAFA has made a timely plan for the students to participate in the Expo. Besides discovering the essence of each pavilion design, the students have portrayed the landmarks with direct visual language of the "sketch", presenting the landscape design and interior design of different countries perfectly.

The publication of this book embodies great attention to Expo among students and teachers from Chinese arts academies. In addition, it is an innovative teaching practice, indicating the students' initiative in study.

Traditionally in China, students have developed their talents by focusing on what they learn from their teachers and the masters. Today, students are also encouraged to make their concern about the society and the broadening of their horizons, especially the international horizon and cultivation of inner creative force, on integral part of their artistic development. To bring up high-quality artists and designers, we will have a great chance.

天津美术学院　院长　教授
2010年10月

Jiang Lu
Professor
President, Tianjin Academy of Arts
Oct. 2010

前言 | Foreword

世界博览会（World Exhibition or Exposition）享有"经济、科技、文化领域内奥林匹克盛会"的美誉，而首次在中国上海举办的2010世博会翻开了世博会历史的新篇章，让世博会走进了发展中的中国，真正让世博会成为人类大团圆的盛会。

上海世博会向世人展现了一个寄托亿万人美好憧憬的世纪梦想，一个激情体验人类文明成果的科学盛会，一个追求交流、沟通、对话、合作的和谐"大舞台"，一个期待已久的"展示厅"，一个现代城市建设的大博物馆，世博盛况令世界刮目相看。

然而按照国际惯例，除了永久性的"一轴四馆"之外，其余的大部分展馆将无一例外地在会后被清拆一空。这其中，不乏投资数亿人民币、甚至超过十亿元的展馆。如此精美的艺术品，如此昂贵的投入，却只有短短半年的生命，岂不可惜！应该以某种形式把它留住，把精彩留住！

2010年的国庆节前夕，天津美术学院艺术设计学院环境艺术设计系的专业教师们带领2008届的60余名本科生来到了上海，将艺术考察课放在了世博会这个大课堂上。几天来从早到晚在各个场馆进行深入的浏览、考察、摄录、描绘，留下这珍贵的历史资料。

《手绘世博 - 上海世博会建筑景观速写》一书或许创造了一项世博会开办以来的一个记录：第一次由学生以专业的视角将全部的世博会场馆建筑和具有代表性的室内、景观、公共设施用自己的专业特长——绘画的形式呈现给世人。

学生们以各自心中对世博会的感悟为发端，充分发挥艺术天赋，把壮观、异彩纷呈的世博会描绘在画纸上。这些作品有的描绘了世博会富有创意理念的展馆建筑风格；有的旨在表现世博会的景观环境；有的则突出体现了世博会的空前盛况。作者将自己独特的美学思考融入绘画中，以有形之线来画无形之魂。每一个笔触、每一个细节及氛围的营造，都融入了强烈的个人感受，表达了对城市新生活美好的向往和祝福。

《手绘世博 - 上海世博会建筑景观速写》汇集的一幅幅的建筑速写画，是在学生们用短短十几天画就的上千幅速写的基础上选编的。尽管这些画作在专业水平上尚显得稚拙，更由于编书时间上的仓促不可避免地存有谬误，但它真实地体现了中国高等艺术院校艺术设计专业对城市景观环境设计的关注，是学生们奉献给为世博会的一份礼物。

以"城市，让生活更美好"为主题的2010上海世博会虽然会渐渐地成为我们的一份记忆，但《手绘世博 - 上海世博会建筑景观速写》这本画集则是以艺术的灵感去捕捉时尚设计的魅力、体验艺术融入生活、展现现代科技与地域文化的一份形象、生动的记录……

天津美术学院设计艺术学院 副院长
环境艺术设计系 主 任 教 授
2010年10月

前言 | Foreword

The Expo (World Exposition) has an excellent reputation for being the Olympic games of the economy, science, technology and culture. As the first held in developing country, the Expo 2010 Shanghai was not only a new chapter in China's history, but also a great event for the whole human society.

As we enter the 21st century, The Expo 2010 Shanghai expressing the longings of billions of people, a scientific magnificent event that offers an opportunity for us to experience the achievements of human civilization with enthusiasm. It is also an opportunity of pursuit of international exchange, communication and cooperation. The Expo 2010 Shanghai's long-awaited "Pavilions", large museums of the construction of the modern city, the Expo makes the world astonished.

However, according to international practice, except for the permanent "one Axis and four Pavilions", most of the rest will be demolished after the exhibition. Among these, there are many Pavilions which the investment is hundreds of millions RMB, or even more than a billion RMB. It's a pity that such beautiful art works with so much investment only have half year's life. We should retain them in some form.

On the eve of National Day 2010, the professional teachers of the Environmental Art Design Dept. of the Art Design School of TAFA and more than 60 junior undergraduates came to Shanghai and combined their art class with the Expo. They did investigation, visit, video and sketch in depth in various pavilions for several days to record this precious historical data.

The book, named as *The Sketch of Expo* maybe create a record since the Expo start. It is the first time for the students to show all architectures of Expo 2010 Shanghai and the representative interior, landscape and public facilities with their own expertise—sketch to the world.

Inspired by the understandings formed in this teamwork, the students gave a full play of their artistic talent and drew sketches of the magnificence and diversity of Expo. The sketches focus on the creative architecture styles of pavilions, the spectacle environment and unprecedented grand occasion. The whole work is a harmonious blend of unique aesthetic thinking and forceful visual images. The stoke, the detail and the atmosphere of the work serves as a powerful expression of individual feeling, the expectation for better city life and best wishes.

The Sketch of Expo is composed of the best assignments students made during the short visit of Shanghai. In spite of the immature technique and the unavoidable mistakes, all the sketches embody the great concern over urban environmental design among students from Chinese art academy. The album is a precious gift for Expo.

Shanghai Expo is drawing to the end and it will be a fragrant memory for everyone together with the theme "better city, better life". *The Sketch of Expo* will always remind people of everything of Expo, including the lively scene, the show of modern science and technology, the integration of art and life and the charm of update designing.

Peng Jun
Professor
Director, The Environmental Art Design Dept.
Vice-Dean, The Art Design School of Tianjin Academy of Fine Arts
Oct. 2010

目录 | Contents

第一部分　建筑景观　　Part 1 Architecture Landscape

011	地标建筑	Landmark Architectures
013	中国馆	China Pavilion
017	世博主题馆	Theme Pavilion of World Expo
018	世博轴	World Expo Boulevard
020	世博中心	World Expo Center
021	世博文化中心	World Expo Culture Center
023	欧洲国家馆	Europe Pavilions
061	亚洲国家馆	Asia Pavilions
091	美洲国家馆	America Pavilions
105	非洲国家馆	Africia Pavilions
115	大洋洲国家馆	Oceania Pavilions
119	主题馆/企业馆	Theme & Enterprise Pavilions
141	国际组织馆	International Organization Pavilions
149	城市最佳实践区	Urban Best Practices Zones

第二部分　室内景观 | Part 2 Interior Landscape

169	中国省市区馆	Province Pavilions of China
181	欧洲国家馆	Europe Pavilions
191	亚洲国家馆	Asia Pavilions
205	美洲国家馆	America Pavilions
219	非洲国家馆	Africia Pavilions
233	大洋洲国家馆	Oceania Pavilions
237	企业/国际组织/案例馆	Enterprise, International Organization & Case Pavilions

第三部分　公共景观 | Part 3 Public Landscape

247	景观雕塑、公共设施	Sculpture & Public Facilities

建筑景观
Architecture Landscape

地标建筑
欧洲国家馆
亚洲国家馆
美洲国家馆
非洲国家馆
大洋洲国家馆
主题馆 / 企业馆
国际组织馆
城市最佳实践区

建筑景观 | 地标建筑
Architecture Landscape | Landmark Architectures

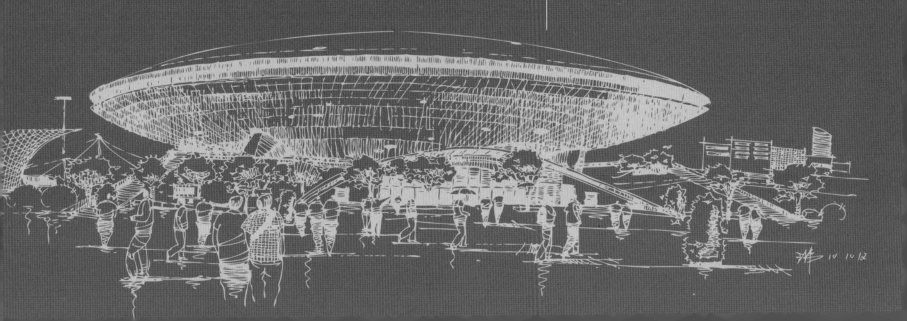

中国馆以"城市发展中的中华智慧"为核心展示内容,承载着中华民族对科技发展和社会进步的期盼。中国馆的设计方案中凝练了众多的中国元素,"故宫红"作为建筑物的主色调,色彩夺目,沉稳大气。斗栱造型的国家馆体现了中国传统建筑的文化要素。同时,传统的曲线设计被拉直,层层出挑的主体造型显示了现代工程技术的力度美与结构美。这种简约的装饰线条,生动地展现了中国传统建筑独具魅力的神韵。

中国馆
China Pavilion
08级 彭奕雄

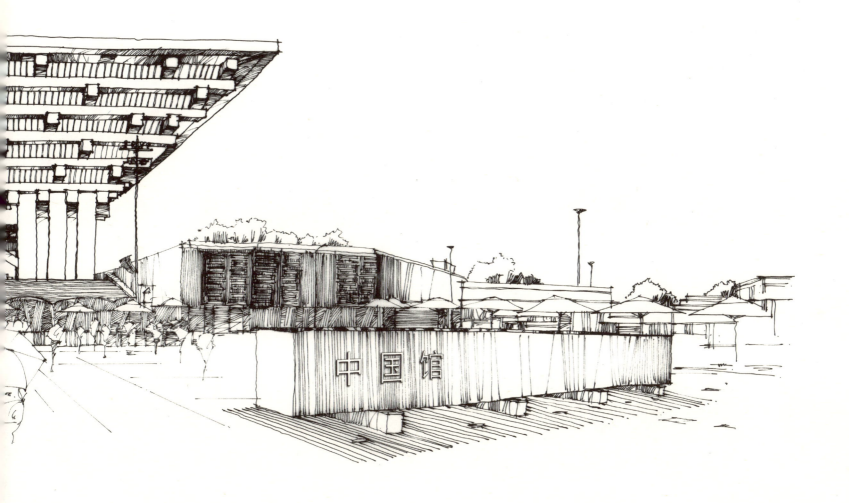

中国香港馆
China Hong Kong Pavilion
08级 孙玲

中国香港馆是一座3层高的钢结构建筑，馆名为"无限空间"，高度约18米；展馆建筑面积约1390平方米，展览面积约800平方米。外形优美并富有现代感，展馆中层通透，形成独特的视觉效果，展现了香港的开放自由和现代化。香港馆以"无限城市——香港"为主题，设计凸显香港的内通外连，包括香港与内地及全球的联系，以及自身的各项优势。

中国澳门馆

China Macao Pavilion

08级　王东营

中国澳门馆主题为"文化交融，和谐体现"，澳门馆外形像玉兔宫灯，设计寓意着"和谐相容，机灵通达"，"玉兔"外层材料采用双层玻璃薄膜，可以不停地变换颜色。"兔头"和"兔尾"实际上是两个巨大的氢气气球，可以自由升降，充满了趣味性。

中国台湾馆

China Taiwan Pavilion

08级　朱莹

中国台湾馆的主题是"山水心灯——自然·心灵·城市"。从外观看是由山形建筑体、点灯水台、巨型玻璃天灯及 LED 灯心球幕等组成的，内部绚丽的 LED 球体在通透的玻璃外墙上若隐若现。山形的建筑与玻璃天灯比肩，代表了玉山、阿里山等台湾名山，环绕建筑的水池象征着台湾岛四面环海的地貌特征。

世博主题馆
Theme Pavilion of World Expo
07级　阙志红

世博主题馆的建筑造型围绕着"里弄"、"老虎窗"的构思，运用"折纸"手法，形成二维平面到三维空间的立体建构，而屋顶则模仿了"老虎窗"正面开、背面斜坡的特点，颇具上海石库门建筑的韵味。建筑还大量运用了环保节能设计，如太阳能屋面和生态绿墙，使其成为世界上高标准的绿色、节能、环保建筑之一。

世博轴

World Expo Boulevard　07级　李倩

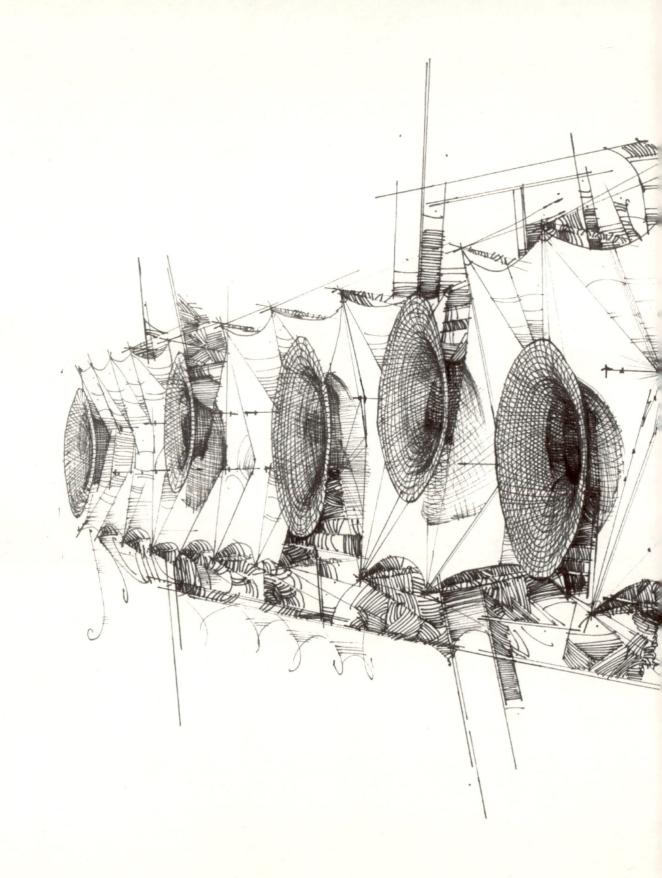

手绘世博

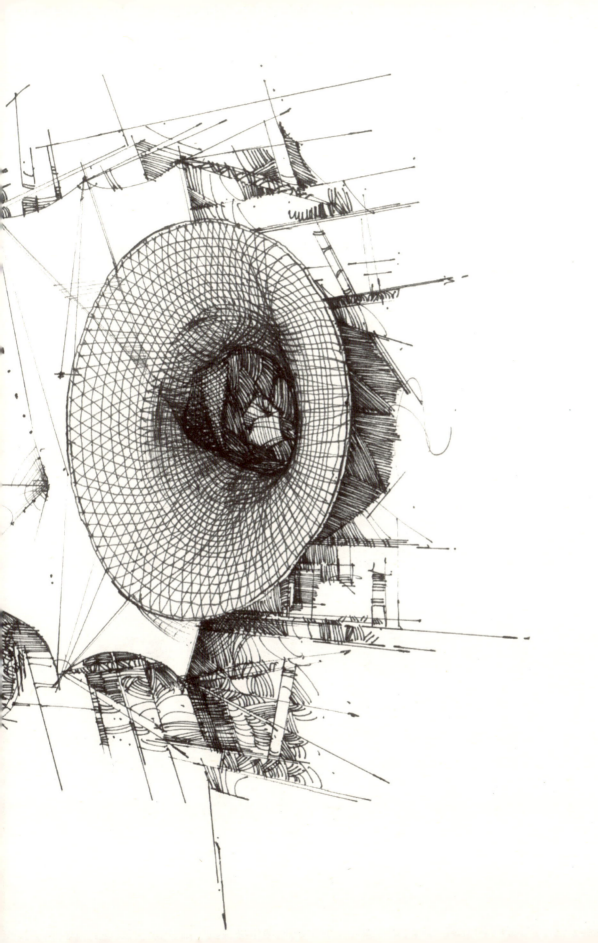

世博轴是浦东世博园区的中心地带，是超大型室内室外结合的建筑。它采用膜结构的阳光谷造型，像一串盛开着的喇叭花在阳光中绽放着美丽的姿态。世博轴分为地上2层，地下2层。当你漫步在这个巨大的通道里，抬眼望去是朗朗天际，连接天与地，这就是世博轴赋予人人的感动。

世博中心
World Expo Center
07级　王永光

世博中心建筑造型简洁、现代，外墙为玻璃幕墙，整个建筑采用了国内建筑中最复杂的能源系统：屋顶太阳能、LED 照明、水源制冷、雨水收集、透水混凝土地砖等，是一座充分体现了现代节能技术的建筑。

世博文化中心采用时尚现代的飞碟外形,颇具未来气息。整个建筑犹如黄浦江畔的一只"艺海贝壳",轻盈光亮。这是一座非常现代的演出场所,可以根据需要容纳4000~1.8万人观看表演,舞台也可以变换,甚至可以在360°空间内进行三维组合,是目前最先进的演出场馆。

世博文化中心
World Expo Culture Center
08级　王伟

建筑景观 | 欧洲国家馆
Architecture Landscape | Europe Pavilions

Part 1

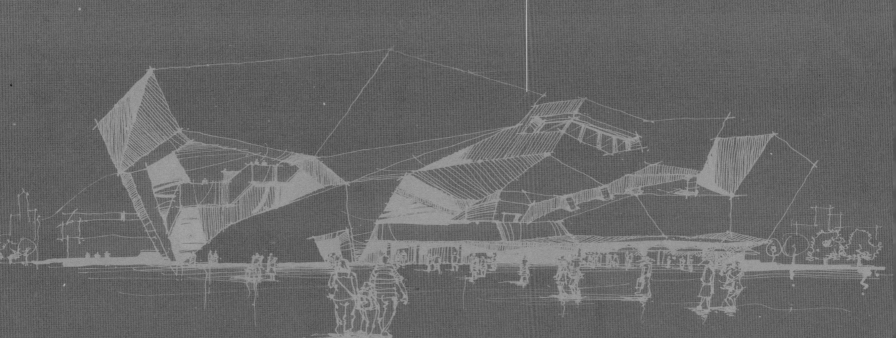

冰岛馆的参展主题是"纯能源——健康生活"。展馆的建筑设计理念是一个"冰立方",整个建筑的外墙以冰的图案作为装饰元素,在背光灯的照射下,展现出玲珑剔透的冰的景象,夜晚亮灯后远望展馆,仿佛冰川般透明,极具冰岛特色。馆内大面积运用了投影技术来展现处于北极圈附近的冰岛景观。展馆入口处冰岛的火山岩墙、展馆内适宜的温湿度、花的香气,都会让参观者有身临冰岛的感觉。

冰岛馆
Iceland Pavilion

08级 王灿

丹麦是一个赋有童话色彩的国家，安徒生和他的童话把我们带到那个充满梦幻的国度。丹麦馆如同一本生动的童话书，通过"我们如何生活"、"我们如何娱乐"、"我们如何设想将来"三章讲述了这座城市的幸福生活。整个丹麦馆由两个环形轨道构成，形成室内和室外部分，俯瞰好似一个螺旋体，让人不断穿梭于室内和室外空间，突破了传统的建筑形式。外墙上的孔洞集装饰和调节场馆光线的功能于一身，纯白色的建筑体现着优雅与纯洁。

丹麦馆
Denmark Pavilion

08级　孙玲

挪威馆
Norway Pavilion
08级　赵紫薇

挪威馆的主题是"大自然的赋予"。在展馆的设计中利用15棵挪威大松树组合成建筑结构，外墙用中国的竹子作为装饰材料。这些材料都是无污染的、可以被回收的建筑材料，更重要的是它体现了挪威森林资源丰富和人与自然和谐共存的传统。保留了原始色泽与质感的木材，让人感觉非常亲近自然，另外配以白色的薄膜布面屋顶，更加恬静、回味无穷。设计采用开放式空间，加强建筑与环境的包容性。展区分为北极光、海岸、森林、峡湾、群山五个部分，展示了北欧特有的自然景观，展现了挪威人的生活、城市风韵以及可持续发展、提高能源使用效率和健康生活方式的理念和构想。

瑞典馆

Sweden Pavilion

07级　李倩

瑞典馆是由瑞典 SWECO 公司设计，主题为创新之魂。场馆是依据可持续理念，将木材进行循环利用。观众可在十字形立体通道内穿梭往返，这个特别的通道象征着城市与乡村的和谐互动。瑞典馆外墙覆盖有许多冲孔钢板，这些钢板大小、形状各不相同，块与块间留有一定距离，远远看去，仿佛一张瑞典首都斯德哥尔摩的"地图"。由于特殊钢板的阳光反射作用，及其与建筑主体间存在间隙，因此也降低了场馆制冷的能耗。

芬兰馆
Finland Pavilion

08级　彭奕雄

"冰壶"是一处宁静的港湾。漫步其间的人们，都能暂时脱离都市生活的喧嚣和疲惫，任凭自由的思想和观点在这里碰撞、交流和融合。芬兰馆就这样载着"优裕"、"才智"的美好主题呈现在世博园中，这里为人们提供了一个探讨美好生活发展蓝图的平台。"冰壶"展示了芬兰的生态创新，展示了基于可持续发展的高新科技。"冰壶"的所有建筑材料均在环保和可回收的原则上精挑细选。尝试采用纸塑复合材料做外墙装饰，这种新产品将通过芬兰馆向世界展示。

俄罗斯馆
Russia Pavilion
07级 李倩

俄罗斯国家馆的主题为"新俄罗斯——城市与人"。整个建筑由12个塔楼和"悬浮在空中"的立方体组成，如此的组合象征着生命之花、太阳以及世界树的根。建筑塔楼顶部的镂空图案体现了俄罗斯各民族的装饰特色，也使得整个建筑更加精致。夜晚，塔楼白金两色变成交相辉映的黑、红、金三种颜色，塑造了俄罗斯建筑的历史形象。塔楼的"根部"蜿蜒至中央广场的"文明立方"，形成"人"形标识。其外部装饰组件可以自由排列，形成巨幅"活动画面"墙。

乌克兰国家馆的主题为"从古代到现代的城市"，从传统民俗的形成、科技服务城市和城镇的历史等几个方面向世人展示乌克兰民族的独特文化及其对"城市，让生活更美好"主题的理解。展馆的墙面装饰形似八卦图，实际来源于三褶系部落文明的符号，由红、黑、白三色装饰组成。以蛇装点的流动漩涡，寓意着时间流逝和季节变化；狗寓意驱赶所有邪恶势力；太阳则象征着源源不断的动力。

乌克兰馆
Ukraine Pavilion
08级　李志昊

白俄罗斯馆
Belorussia Pavilion
08级　石东京

从白俄罗斯馆经过就会被展馆外墙上的巨幅装饰画所吸引，上面绘有当地城市街区和具有民族特色的建筑，让参观者仿佛置身白俄罗斯。走进展馆，会有"画中有画"的感觉。馆内墙壁呈深蓝色，代表清洁的淡水资源。通过对电脑技术的巧妙运用，展馆中央区域呈现出流动的波浪效果，使参观者体会到白俄罗斯优美的自然环境。

立陶宛馆
Lithuania Pavilion

08级　李志昊

立陶宛展馆的建筑造型简洁中透着活泼，一部分造型灵感源自含苞欲放的花蕾，并由立陶宛的国球——篮球组成蒸蒸日上的造型，寓意着立陶宛的城市充满无穷生命力，预示着国家欣欣向荣、朝气蓬勃的未来。体现了立陶宛在成为波罗的海区域一个重要的国际政治、文化、经济中心的发展过程中，立陶宛人民对人与人之间、人与大自然之间和谐共生、共存的美好期待，突出了一种人文精神。

爱沙尼亚馆
Estonia Pavilion

08级　朱莹

爱沙尼亚馆的外形颜色色彩斑斓，由许多大大小小、凹凸有序的长方形彩条包裹了整个外墙，营造出明暗变化强烈的外观，同时表达出爱沙尼亚人在环保方面的智慧。展馆中对绿色环保理念的理解与表达，以及各色小猪存钱罐的象征意义，均呼应了"节约城市"的主题。

拉脱维亚馆
Latvia Pavilion
08级　王灿

拉脱维亚馆的参展主题是"科技创新城市"。该馆的设计是建筑与科技的完美结合，外墙类似一个卷筒，将展厅包裹其中，展馆的核心是一个风洞游乐设备。展馆外墙采用森林、海洋、陆地、天空、风等设计元素，将10万个彩色半透明塑料盘悬挂在钢构架上，随风摇曳、闪闪发光，让参观者无限惊喜、无穷回味。

波兰馆
Poland Pavilion
08级 张成

波兰馆的主题为"波兰在微笑",波兰馆的外观设计融合了波兰传统民间剪纸艺术和现代时尚元素,形象地展现了波兰文化。展馆表皮不规则的民间剪纸镂空花纹采用了木板拼成,随着白天和夜间变化的光线营造出一个有着丰富视觉体验的建筑。展馆内部空间灵活,创造性地分割成不同部分,用于小型展览、音乐演出以及售卖物品等。

捷克馆
Czech Pavilion
08级　许望舒

捷克馆的主题为"文明的果实",展馆通过颇具创意的方式展示了捷克当代科技和艺术。捷克馆外立面用63415只硬橡胶制成的黑色冰球装饰白色外墙,拼出一幅布拉格老城区的地图。展馆门口设置了一条"大丝带"作为入口的引导,美观且兼具遮风挡雨功能。捷克馆内部展示分两部分:多媒体展厅展示捷克人解决交通拥堵、环境污染等城市问题的独特方案;主展示区是一个在松软的草地上浮动着的"城市",通过虚拟的城市化景观演绎了"城市本身就是文明果实"的主题。

匈牙利馆
Hungary Pavilion
08级　冉行宽

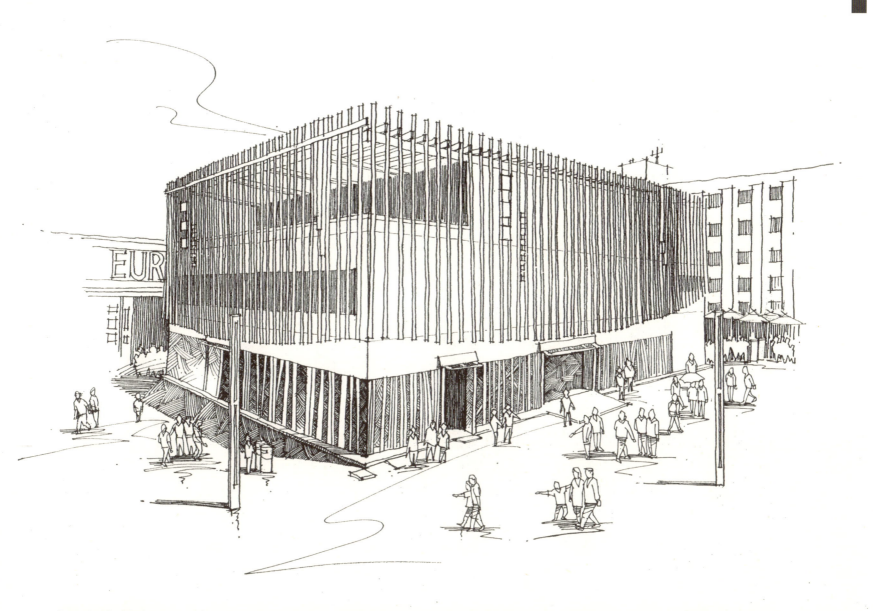

匈牙利国家馆的主题是"城市的建筑和文化的多元"。匈牙利馆的最大特点就是富有创意地运用了一根根直径约10厘米的木套筒作为建筑的主要材料。在建筑外观上，长短不一、排列有致的原木色套筒使匈牙利馆呈现质朴、自然的风格，用"森林木屋"的概念表达出对自然的亲近。

德国馆
Germany Pavilion
08级 张炫

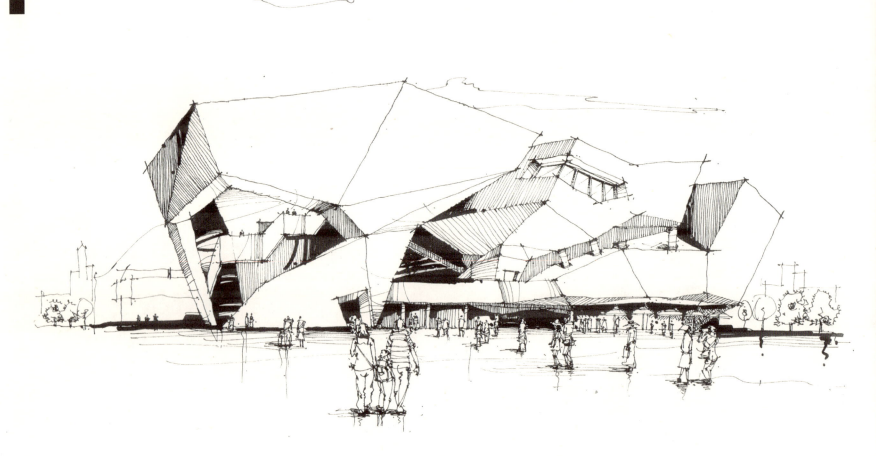

德国国家馆的主题是"和谐城市"。展馆分自然景区和展馆主体两部分,其主体由四个不规则体块连接而成,外墙包裹着半透明的银色发光建筑膜,体现了建筑稳定性。展馆四面开放,给人一种灵动感。展馆内供人游览的体验区错落有致地排布在建筑中,有关德国各地的介绍和典型都市生活空间及设施的展示,通过灯光、色彩和音响的交替变幻,全方位向参观者展示了德国独特的风情。不管是展馆外部,还是内部,德国人规律、严谨、认真的民族性格都体现得淋漓尽致。

奥地利国家馆的设计致力于将中国和奥地利两国的文化元素巧妙地结合。这座由三个支点组成的巨大红白色建筑，其造型仿佛一个字母"A"，又像中文里的"人"字。展馆外墙采用中国瓷做贴面材料，影射出中国向欧洲出口瓷器的悠久历史。红白双色的设计巧妙地将奥地利国旗的色彩和中国传统中的幸运色彩结合在一起。奥地利国家馆的设计体现了对中奥两国文化和谐共生的创作理念。

奥地利馆
Austria Pavilion
08级　李欣潞

瑞士馆

Switzerland Pavilion
08级　郝铁英

一提到瑞士人们便会联想到瑞士军刀和钟表，而这次瑞士人通过他们奇特而又环保的场馆，向全世界人民阐述了世博主题。未来感十足的外形加上半透明铝网结构的帷幕让我着迷。半透明铝网帷幕上分布着11000块太阳能电池板，产生的电能满足LED照明的使用，既环保，又成为整个设计的经典装饰。坐上馆内观光缆车，往返于承重的大小圆柱和绿草如茵的屋顶之间，参观者可以身临其境地感受在城市和乡村之间游览的美好。

被命名为"快乐街"的荷兰馆，是上海世博会上唯一一个全开放式国家馆。一条螺旋形的长 400 米、宽 5 米的走道打破了传统展示的形式，沿走道有 20 个星罗棋布的小型展馆，这就是充满奇思妙想的荷兰馆在上海世博会上展现的创意。开放式的"快乐街"呈现着典型的荷兰风格，代表荷兰的橙色遮阳伞星星点点，形成展区一道独特绚丽的风景线。

荷兰馆
Dutch Pavilion
07级　王永光

比利时—欧盟馆

Belgium-EU Pavilion

08级　张晋磊

比利时馆主题为"运动和互动",展馆主体采用"脑细胞"结构的设计理念,其灵感来自于比利时丰富的科学技术和艺术成就,以及作为欧洲政治中心之一的地位。"脑细胞"其中一个触角被巧妙地设计成展馆的入口,另一个触角则向外延伸到展馆门口的小花园。为了体现主题"运动与互动",展馆内展板设置在滑轨上,15辆水滴状的"碰碰车"在展馆中心区自由地运动,如同移动的展示橱窗。比利时馆温和、冷静的建筑外观与新奇、迷人的内部装修构成对比,引领参观者探索比利时丰富的文化形式和内涵。

卢森堡馆
Luxemburg Pavilion
07级　雷文祥

卢森堡展馆的建筑结构就像一座壁垒，中心位置类似中世纪的塔楼，四周由翼楼和树木环绕。卢森堡馆以精致的园艺与工业化的铁锈钢板结合而成，流露出独特的美感。作为欧洲的"绿色心脏"，卢森堡向来十分重视环保问题，它那锈迹斑斑的背后，其实是创新与环保的理念。整个展馆采用钢、木头和玻璃等可回收材料，能源的回收再利用也将成为可持续发展城市的一个典范。

英国馆
UK Pavilion
08级　朱亚希

英国馆的设计是一个开放式公园，其中建筑外部插有60000多根纤细的透明亚克力杆，远观好似毛茸茸的蒲公英一样轻盈。英国馆的核心理念是"种子圣殿"，是英国"铸就未来"概念的一种夸张式表现。建筑外环境设计也极具特色，高低起伏的广场仿佛一张打开的包装纸，将包裹其中的"种子圣殿"送给中国，作为一份象征两国友谊的礼物。

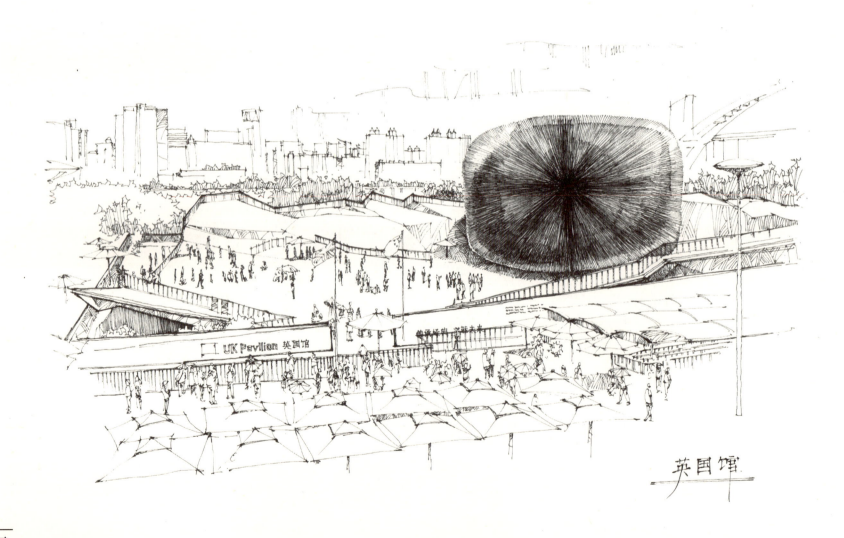

英国馆

爱尔兰馆

Ireland Pavilion

08级　王家宁

爱尔兰馆的参展主题是"城市空间及人民都市生活的演变"。展馆由5个长方体展示区组成，它们错落有致地分布于不同层面，并通过倾斜的过道相连；外立面采用玻璃和聚碳酸酯材料，呈现出多层半透明效果，起到了为展馆内部过滤光线的作用，并且通过外部表面覆盖层可以隐约看到参观者在馆内的活动。展厅展示了爱尔兰不同时代国家和城市的生活特色。

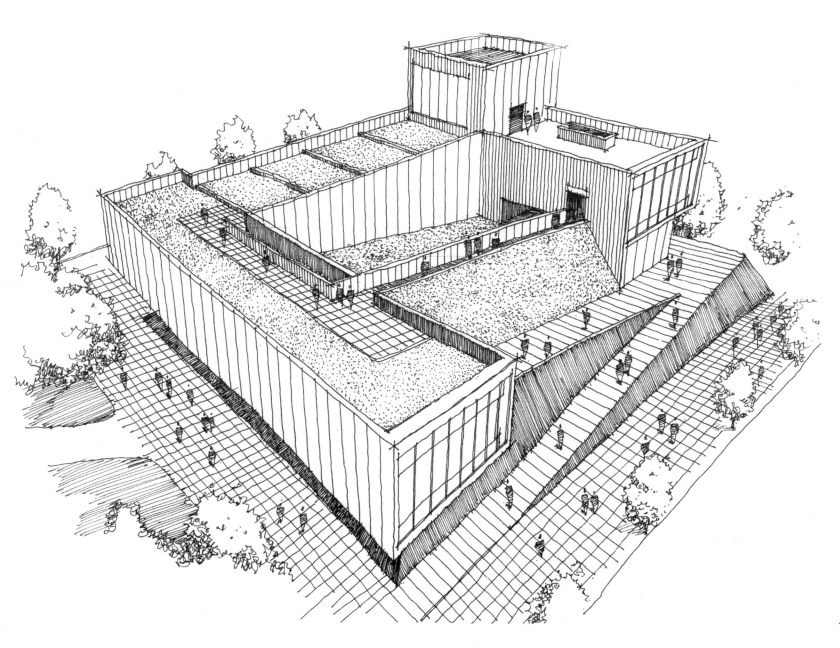

法国馆
France Pavilion
08级　李志昊

法国馆主题为"感性城市",展馆外部被新型混凝土材料制成的线网"包裹",仿佛是"漂浮"于地面上的"白色宫殿",法国馆的中心位置是一座法式园林,溪流沿着法式庭院流淌,小型喷泉表演、水上花园等,尽显水韵之美。馆内,美食带来的味觉、庭院带来的视觉、清水带来的触觉、香水带来的嗅觉以及老电影片段带来的听觉等感性元素,引领参观者尽情体验法国的浪漫与魅力。

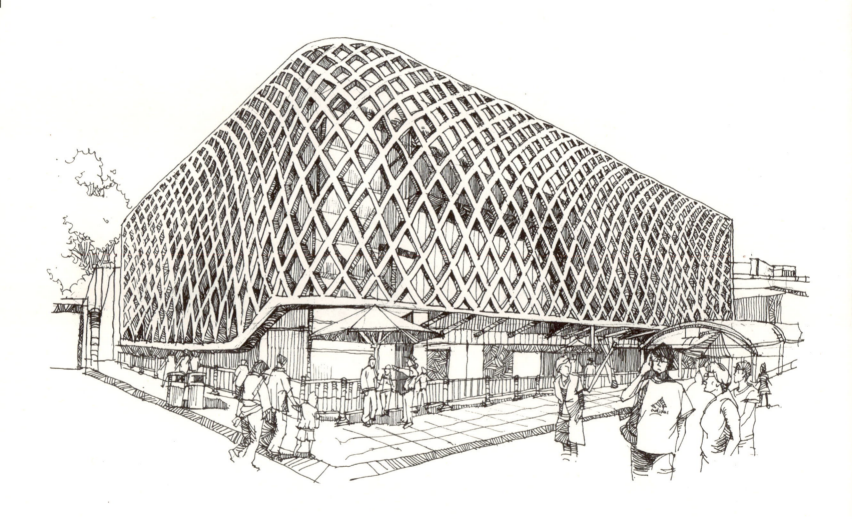

摩纳哥馆

Monaco Pavilion

08级　刘爽

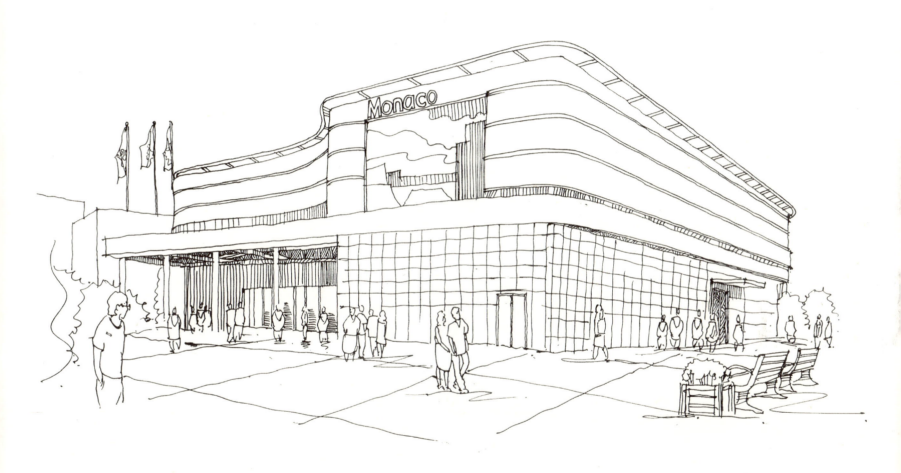

摩纳哥馆的主题是"摩纳哥的今昔和未来，不断发展的城市，国家面临的挑战"。摩纳哥馆外形以方形为基础，用蓝色灯光及储水管环绕着硬朗的钢结构作外墙，方形体现着稳重与平衡，钢材与水赋予了摩纳哥馆一种古典与现代交融的气质。摩纳哥馆内模拟了摩纳哥的城市风景特色动植物的老街，介绍闻名世界的摩纳哥F1大奖赛的视频短片和法拉利赛车展品等，使参观者更深入地了解摩纳哥文化及城市发展。摩纳哥馆用现代化的手段，展示了一个新潮的、充满活力的国家形象。

西班牙馆的外墙用钢结构支架来支撑，用天然藤条编织成的8524个藤条板作装饰，呈现出波浪起伏的流线型，如同一个"藤条篮子"，复古而创新。每块藤条板的颜色不一，抽象地拼搭出"日"、"月"、"友"等汉字，表达设计师对中国文化的理解。阳光透过藤条的缝隙，洒落在展馆的内部，空间变得朦胧梦幻。西班牙馆内设"起源"、"城市"、"孩子"三大展示空间，表达出"我们世代相传的城市"这一展示主题。

西班牙馆
Spain Pavilion
08级　孙玲

葡萄牙馆的外墙表面全部用软木材料制成，朴实大方，显示了这个国家的环保观念与丰富的物产。说到葡萄牙，我们脑子里的第一印象是这个国家的航海技术和航海史。然而，令我们惊异的是，整个展馆只字不提航海，而是重点宣传了两个方面：一是葡中两国的交往与友谊；二是葡萄牙在新能源利用上的成就。这充分说明了这个国家正在用自己的实际行动实现低碳社会。

葡萄牙馆
Portugal Pavilion
07级　唐玉婷

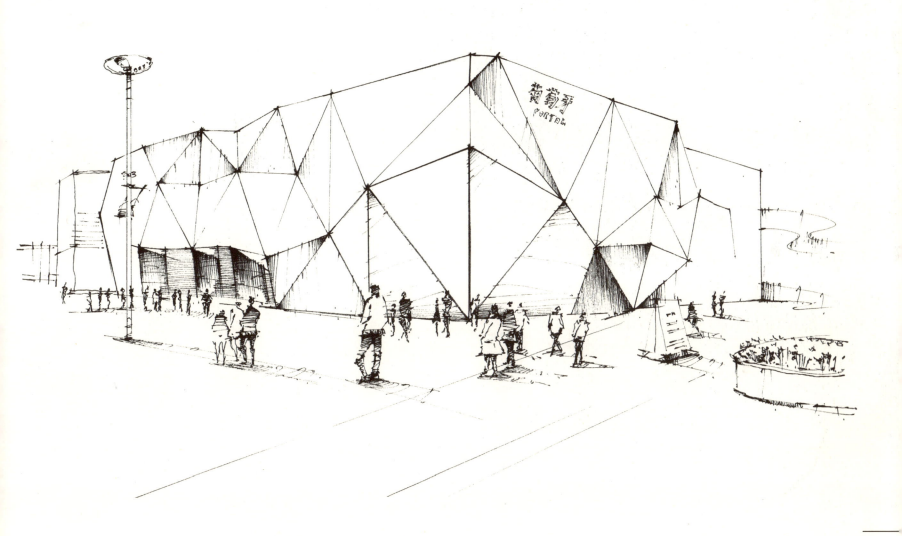

意大利馆

Italy Pavilion

08级　李曼

展馆设计灵感来自上海的传统游戏"游戏棒",由20个不规则、可自由组装的功能模块组合而成,代表意大利20个大区。展馆建筑采用透明混凝土这种现代化的新型材料,不仅增强了室内的光线,还使展馆产生不断变换的画面,带来梦幻般的意境。整座展馆犹如一个微型意大利,充满庭院、小径、广场等意大利传统城市元素。意大利馆通过展示其国家在科技、音乐、时尚、建筑等领域的成就,呈现了一个充满生机、幸福感的城市。

克罗地亚馆的主题"多样的城市，多样的生活"，展馆外观为红白两色，外立面钢架上插满小旗，迎风飞扬，动感十足。展馆采用多媒体播放短片和照片等影像资料的方式，以克罗地亚人的日常生活为内容展示了当地城市的独特韵味，描绘了海滨国家克罗地亚多姿多彩的生活方式、城市的蓬勃发展，以及内陆和沿海、古城和新城之间的异同。

克罗地亚馆
Croatia Pavilion

08级　冉行宽

斯洛伐克馆

Slovakia Pavilion

08级　石东京

简洁的造型，夸张的"S"形图案，吐露出吸引人的色彩，这就是斯洛伐克馆。场馆的主题是"人类的世界"，展馆以广场的视角展现城市的演变。展馆内，能看到一段螺旋状的楼梯，标志着城市绵延的道路在广场交会。广场周围则是由一堵墙环绕，布满记忆的片段代表了斯洛伐克城镇文化和建筑发展的历史。

展馆以"书"作为外观设计的创意之源,其正面是一个颇具吸引力的"书架",整体呈现出千余本书陈列在"书架"上的造型。斯洛文尼亚馆的外观突出了展馆的主题"打开着的书",参观者从入馆便展开了一段"打开书本,遨游书海"的旅程,领略着斯洛文尼亚的风景,以及其生物与文化多样性的完美融合。

斯洛文尼亚馆
Slovenia Pavilion

08级　孙玲

波黑馆

Bosnia and Herzegovina Pavilion

08级　孙玲

五彩斑斓如童话古堡般的波黑馆，外观是孩童的梦境和城市印象的综合。外墙上张贴着60幅波黑儿童和中国儿童共同创作的水彩和素描画，表现了人类、自然和科技发展等内容。展馆上方醒目的突出了"整个国家——一个城市"这一主题。展馆内一条"8"字形坡道在正中蜿蜒穿过，沿着坡道分布着不同的展区，围绕城市多元文化的融合、经济的繁荣、科技的创新、社区的重塑、城市的互动等方面，展现了波黑的民族精神、生活方式和独特的城市理念。

塞尔维亚馆
Serbia Pavilion

08级　刘爽

塞尔维亚国家馆主题为"城市代码"，设计理念来自其传统的编织技艺，墙体模块代表了编织图案上的结。塞尔维亚国家馆也好似一座"编织出来"的建筑，一个个的模块又仿佛呼应"城市代码"主题。体现出各个城市元素或城市代码之间的联系性和复杂性，隐含了"人是创造世界的主体"的观念。

塞尔维亚馆 SERBIA.

罗马尼亚馆
Romania Pavilion
08级 郭晓虹

展馆的昵称为"青苹果",设计灵感来源于罗马尼亚最受欢迎的水果——苹果,表达了绿色城市、健康生活和可持续发展的理念。建筑由两部分组成——苹果的主体部分和切块部分。由玻璃材料构成晶莹剔透的苹果主体形象简洁、大气。入夜,随着灯光变幻,"青苹果"还将会呈现出各种美丽颜色。

希腊馆

Greece Pavilion

08级　曲云龙

希腊馆的主体结构为方形，外墙设计成深浅不一的蓝色，体现希腊作为地中海沿岸国家所特有的风格。 希腊馆通过以人为本的途径来表达上海世博会的主题。希腊城市因其"民生"、"宜居条件"及"灵动"而闻名于世，因此在展馆的设计上借用城市的构架，向参观者展示了希腊人的日常生活方式，更反映了希腊人对美好生活的追求。

欧洲联合馆一
Europe Joint Pavilion I
08级 郭晓虹

欧洲联合馆是一座大型轻钢结构建筑,外墙以彩色压型钢板拼接而成,赋有现代大型展馆特征。馆内由马耳他、安道尔等四个国家共同组成,建筑简洁明快,充满现代气息。

欧洲联合馆二
Europe Joint Pavilion II

07级　唐玉婷

欧洲联合馆二由两栋"挽着手臂"的单层大空间展馆组成，外墙同样以彩色压型钢板拼接而成。馆内由阿塞拜疆、保加利亚等九个国家的场馆共同组成，入夜之后，彩色霓虹灯光把建筑打扮的分外醒目、漂亮。

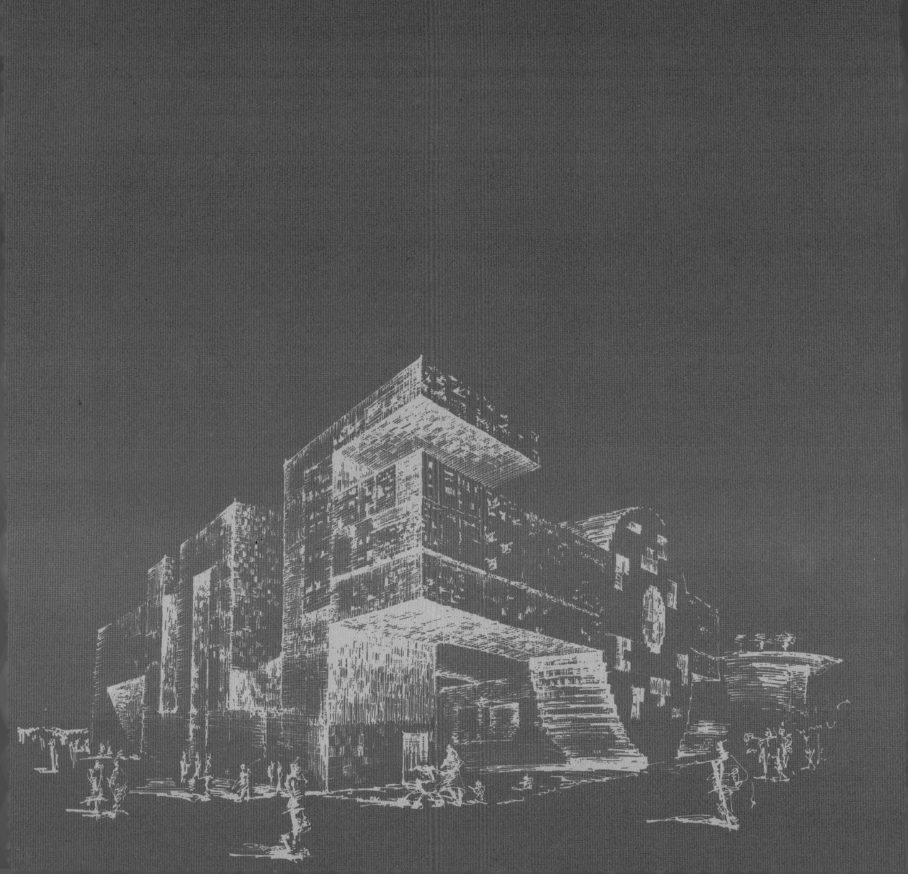

建筑景观 | 亚洲国家馆
Architecture Landscape | Asia Pavilions

朝鲜馆

D. P. R Korea Pavilion

08级　冉行宽

展馆集朝鲜民族特色与现代美感于一身,以国旗、千里马铜像等图案装饰外墙。建筑外形朴素简洁,但却以简单的美展示出朝鲜秀美的自然风光与环境特色。

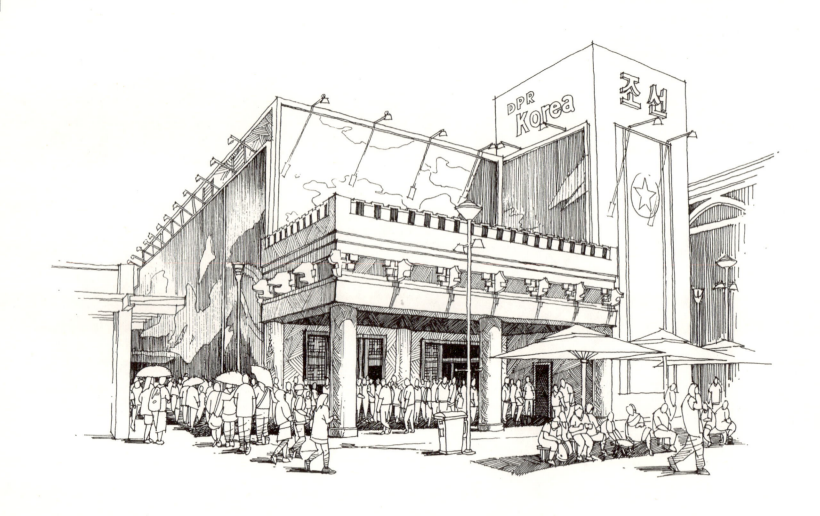

韩国馆

ROK Pavilion

08级　刘文敬

韩国馆是地上3层钢结构建筑物。远观韩国馆，是由几个硕大的韩文拼接而成的。近看展馆，外墙用凸凹有致的韩文字母和彩色像素画作为装饰元素。由此可见，韩国国家馆的建筑设计完美诠释了韩文特有的几何特征，其创意体现了韩国文化的独特性。韩国馆的主题是"魅力城市、多彩生活"，也正是借助艺术化的韩文字母来表现韩国的建筑特色，诠释了技术与文化融合在一起的未来城市理念。

07级　刘昊明

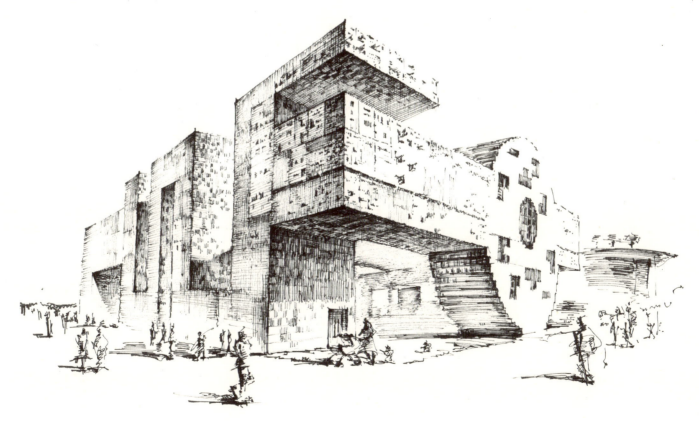

日本馆
Japan Pavilion
08级 李曼

日本馆的建筑理念是"像生命体一样会呼吸的建筑"。作为一座仿生建筑，它犹如一个巨大的紫蚕宝宝趴在黄浦江边。建筑仿佛被赋予了生命，呼吸着、倾听着、观察着……因此日本馆也被称为"紫蚕岛"。展馆外观的基调色为红藤色，由象征太阳的红色与象征水的蓝色交融而成。同时，展馆的外墙会随着日光的变化及夜晚的灯光变换各种"表情"，柔软而富有曲线，且拥有多重功能。

越南馆的主题是"河内——升龙1000周年"。展馆利用竹子作为材料构成外墙，并且上下分成三层弧面，像一条河流。竹子波浪形的环绕方式可以有助于减少阳光的辐射。越南馆向参观者展示了其民族文化的特色及具有亚热带风情的越南建筑风格。世博会后，越南馆的竹子将被重新利用，用于修建社会福利设施或改造校舍。

越南馆
Vietnam Pavilion
08级　曲云龙

柬埔寨馆
Cambodia Pavilion
08级　朱亚希

柬埔寨馆展现了柬埔寨丰富的文化、艺术和良好的自然环境，呼应了上海世博会的副主题——"城市多元文化的交融"。展馆外观由印有柬埔寨特色景观与元素的画布包裹，展馆入口重塑了吴哥窟著名的雕塑，充分体现了柬埔寨保护古代文化遗产的意识，展示了柬埔寨悠久的历史、文化、艺术和丰富的自然资源。

泰国馆
Thailand Pavilion

07级　戴溦

泰国馆的设计突出了泰式风格，以红色和金色为主调，融入泰国传统建筑、艺术中的经典元素。展馆以宫殿为主体，双层屋顶上，塔尖巍然耸立。蜿蜒的长廊连接起各个展区，清澈的流水在长廊四周流淌。场馆主题为"泰国特色——可持续的生活方式"，寓意生活在暹罗大地上各宗教的泰国人和谐相处，表现泰国人与自然的融合，同时与国际社会的发展接轨。

马来西亚馆
Malaysia Pavilion
08级 马元

马来西亚展馆的设计灵感来源于马来西亚的传统建筑，整个建筑由两个高高翘起的坡屋顶组成，线条优美而极具动感，宛如一艘远航归来的"木船"。屋顶被柱廊架起，手法模拟传统的长屋，屋顶的交叉结构也是马来西亚本土建筑所特有的符号，观光电梯设计成首都吉隆坡的标志性建筑"双塔"的形状。展馆外墙取用了马来西亚传统印染的纹理，由蝴蝶、花卉、飞鸟和几何图案组成，丰富而别具特色。

新加坡馆
Singapore Pavilion
08级 孙玲

新加坡馆的主题为"城市交响曲",新加坡馆如同一个巨大而奇妙的音乐盒,悦耳的音乐时常从馆内流淌而出。展馆内部形状各异的展区和楼梯巧妙连接,音乐喷泉、互动影音系统和屋顶花园谱写出一首完美的协奏曲,展示了新加坡几十年来城市建设和人文建设的成就,表达出新加坡独有的韵律与节奏。

文莱馆
Brunei Pavilion
08级　胡扬

文莱馆将热带雨林作为入口处的主展内容,展现出当地特有的自然环境。展馆的主题为"现在,是为了将来",主要表现在外观的特色图案上,其上升的空间和垂直造型象征着文莱人民生活水平的逐步提高,体现了文莱发展经济、拓展人民技能、改进生活质量的理想,并展示其为保护自然环境、丰富遗产和延续深厚传统所作出的努力。

菲律宾馆
Philippines Pavilion
08级 刘爽

上海菲律宾馆

展馆主题为"表演中的城市"。菲律宾馆表面由透明的钻石菱形块组成,当风吹过时,这些钻石菱形块会轻微地摆动,展现别样的视觉效果。展馆外部四个面上均有"人手拼贴画",醒目别致。

印度尼西亚馆
Indonesia Pavilion
08级 冉行宽

印度尼西亚国家馆的主题是"印度尼西亚的生态,多样化的城市"。展馆采用竹子作为主要建筑材料,辅以棕榈、橡木搭建而成。用竹制花钵串联覆盖成的建筑墙面,生机盎然,展示了印尼对自然资源的良好利用,同时诠释了印尼生态环保、可持续发展的理念。另外,印尼馆采用了半开放式的设计,在凸显热带风情建筑特色的同时,也表现了印尼人的热情好客。

尼泊尔馆
Nepal Pavilion

07级 王璐

主题为"加德满都城的故事——寻找城市的灵魂、探索与思考"的尼泊尔国家馆，截取了首都加德满都在2000余年历史中，作为艺术、文化中心的几个辉煌时刻，通过建筑形式的演变来展现城市的发展与扩张。展馆另一亮点重在突出表现尼泊尔在环保、可再生能源和绿色建筑等方面所作出的努力，探求未来建筑的发展方向。

展馆以大型佛塔形式为主体,周围环绕数个代表不同历史时期的尼泊尔民间房舍,展现尼泊尔工匠杰出的建筑和艺术才华。馆内展现寺庙之城——加德满都城两千余年历史中作为建筑、艺术、文化中心的几个辉煌时刻,探索它的过去及未来,为城市寻找灵魂。

尼泊尔馆
Nepal Pavilion

08级　王雅煊

斯里兰卡馆的装饰运用了许多具有强烈民族特色的图案和符号，缤纷多彩又与众不同。馆内重点展示五座独具特色的历史城市，介绍其在城市遗产保护方面的宝贵经验，以创新和艺术的形式回顾了斯里兰卡的历史，阐明了斯里兰卡的城市发展给世界带来的启示。

斯里兰卡馆
Sri Lanka Pavilion

08级　刘文敬

巴基斯坦馆
Pakistan Pavilion

08级　王伟

以"城市多样化和谐"为主题的巴基斯坦馆的设计是源于巴基斯坦著名的拉合尔堡。这座"古堡"式展馆建筑体现了浓郁的穆斯林人文特征。其中,阿拉伯式图案的运用,突出体现了伊斯兰装饰风格和艺术感,给人留下了深刻的印象。

伊朗国家馆的外形具有伊斯兰传统建筑的特色，颇具伊斯法汗古城的韵味。为了呼应上海世博会的主题，展馆重点表现了伊朗城市和乡村的互相辉映。展馆以水、土、光和色彩为主要设计元素：在听觉和视觉上营造出水的流动感，象征宇宙；土象征着人类与创造；光象征大自然与神圣的精神之源；色彩象征着丰富的物种。外檐装饰以现代科技展现出伊朗辉煌的古代艺术和当代文化。

伊朗馆
Iran Pavilion
08级　彭奕雄

沙特阿拉伯馆
Saudi Arabia Pavilion
07级　李倩

沙特阿拉伯馆的设计灵感来源于沙漠中的绿洲，以"生命的活力"为主题。主体建筑像一艘悬于空中的大船，在地面和屋顶栽种沙特标志性植物——枣椰树，形成两个树影婆娑、沙漠风情浓郁的绿洲花园。掩映在枣椰树树荫下的沙特馆，如同沙漠中的绿宝石一样绚丽。被钢铁立柱悬空支撑起的圆弧形展馆，又像一艘"宝船"破浪前行。

08级　刘正瑜

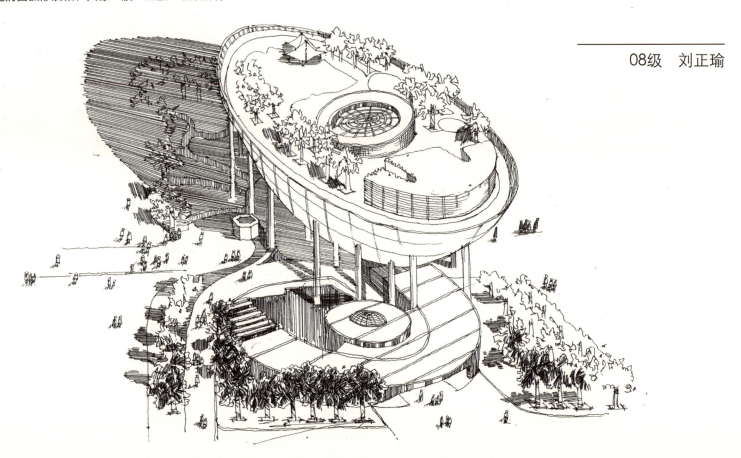

卡塔尔馆
Qatar Pavilion
08级　石东京

展馆采用混凝土结构外墙，在外墙上布满了具有卡塔尔特色的艺术图案，让人想起著名的巴尔赞塔。馆内用丰富有趣的测试站、特色手工艺品和互动视频等形式，充分展现了卡塔尔人利用绿色环保科技和现代化理念来构建一个可持续发展的未来城市的愿望。

阿联酋馆
UAE Pavilion
08级　石东京

阿联酋国家馆将"梦想的力量"这一主题在展馆中完美展现。设计师把阿联酋起伏变换的沙丘作为灵感来源，将展馆建筑外形设计成三座高达20米、连绵交织、大小不同的"沙丘"形状，分别代表阿联酋的古代、现代和未来；表面赋予玫瑰金色的不锈钢板材，在不同的角度，呈现出变幻的色彩和绚丽的灵动感。展馆由五部分组成，向参观者展示阿联酋建国以来人民生活水平和城市居住环境发生的巨大变化。

阿曼馆
Oman Pavilion
08级 孙玲

阿曼馆的外形形似一艘乘风破浪的阿拉伯帆船，通过周边建筑物和空间的内在联系构成一个有机整体，展现着阿曼不断发展的国家形象。展馆外部的蓝色玻璃让人联想起船头，展示了阿曼港口城市的风貌。馆内展示了阿曼古城、沙漠之城、山川之城、海岸之城、首都马斯喀特以及将于2020年建成的蓝色城市等，体现了阿曼的民俗特色和民族艺术文化。

黎巴嫩馆
Lebanon Pavilion
08级 黄俊

黎巴嫩国家馆以一袭红褐色外衣亮相世博舞台，在众多展馆中间，显得格外耀眼。黎巴嫩展馆以"会讲故事的城市"为主题，展现了黎巴嫩的人文风俗、自然风光及悠久历史，将黎巴嫩最真实的面貌呈现在游客的眼前，生动地讲述了古老城市的发展历程，构思巧妙，别出心裁。展馆外观的每个图案都代表着不同的含义，充分展示了黎巴嫩的古老文化。

以色列馆
Israel Pavilion

08级　郭晓虹

以色列国家馆被称作"海贝壳"。展馆由两座流线形建筑体组成，共分为三个体验区。由天然石块搭建而成的创新厅给人厚重的感觉，而采用透明PVC及玻璃材料的光之厅象征着科技、透明、轻盈和未来。室外花园让我们感受到了大自然的魅力，道路两旁有繁茂的树木覆盖，让人们能在喧嚣中找到安静的"避风港"。在创新厅中，随着光球360°的旋转呈现出一场视听盛宴，让我们身临其境地领略了以色列的科技创新成果。

土耳其馆
Turkey Pavilion

08级 段雯

土耳其馆沿用多年前的建筑风格与当今科技相结合的手法，成功地塑造了世博会上占地面积2000平方米的大场馆，充分向人们显示了土耳其古代文明与现代建筑艺术，同时还通过"城市的诞生"、"保护历史"、"思考未来"三条概念主线来展示土耳其对上海世博会"城市，让生活更美好"主题的理解和演绎。

素有"白金之国"之称的乌兹别克斯坦，是一个具有伊斯兰独特文化魅力的国家，自然资源丰富，文化底蕴深厚，首都是古代丝绸之路的必经之地，向人们展现了它独有的民族文化。展馆主题为"文明的交汇"，场馆外观采用波浪形镜面结构，通过光影变化呈现不同的色彩。馆外象征自由和新生活的鹳鸟雕塑，寓意着幸福和繁荣。

乌兹别克斯坦馆
Uzbekistan Pavilion

08级　刘爽

哈萨克斯坦馆

Kazakhstan Pavilion

08级　张晋磊

哈萨克斯坦馆主题为"阿斯塔纳——欧亚大陆的心脏",展馆旨在从国际化的视角展现首都阿斯塔纳的蓬勃发展。展馆采用了张拉膜材料和玻璃幕墙,体现出哈萨克斯坦现代建筑的特色。馆内分为"知识的疆域"、"四维影院"、"城市矩阵2030"、"互动娱乐"、"阿斯塔纳地区"、"软性讲坛"、"艺术长廊"、"再会哈萨克斯坦"八个区域,向参观者展示了哈萨克斯坦的过去、现在和未来。

土库曼斯坦馆
Turkmenistan Pavilion
08级 刘正瑜

展馆的造型和布局模拟了当地的建筑并营造出土库曼斯坦人的生活场景，展馆外墙装饰的格栅突出了简洁的现代风格，显得别具一格，更显现了土库曼斯坦作为中亚大国的风姿。

亚洲联合馆一
Asia Joint Pavilion I
07级　王璐

亚洲联合馆共有三个展馆，是组织方为亚洲部分国家提供的展示场地。A馆内设有马尔代夫馆、东帝汶馆、吉尔吉斯斯坦馆、孟加拉国馆、塔吉克斯坦馆和蒙古馆等。B馆内设有也门馆、巴林馆、巴勒斯坦馆、约旦馆、阿富汗馆、叙利亚馆等。C馆内设有老挝馆和缅甸馆等展馆。

亚洲联合馆二

Asia Joint Pavilion II

08级　李椿生

东南亚国家联盟馆的主题是"理想、身份、社区"，展馆的设计灵感主要来自东南亚地区蜿蜒美丽的海岸线，展示内容围绕主题，阐释了东南亚国家寻求和谐社会生活的共同理想。展馆展示了东南亚国家以"城市，让生活更美好"为主题的照片，通过海报、宣传册、广告牌、电影短片和互动媒体等方式介绍文化和旅游信息，使人全方位地了解东南亚国家的文化和传统。

建筑景观 | 美洲国家馆
Architecture Landscape | America Pavilions

Part 1

加拿大馆主题为"充满生机的宜居城市，包容性、可持续发展与创造性"。外立面铺设红杉木板，墙体由钢结构组成。建筑处处体现了可回收利用的技术。中央是一片开放的公共区，参观者可以通过这个区域进入展馆内部。庭院娱乐区设计成了绿色的墙壁，诠释了城市中心人群对于绿色空间的向往，同时用作自然生态空气过滤器。最具特色的是展馆中的大型瀑布，瀑布中会呈现各种画面，当人们触摸到瀑布时，画面会随之转换。展馆充分体现了加拿大的高科技及多元化。

加拿大馆
Canada Pavilion
08级　石东京

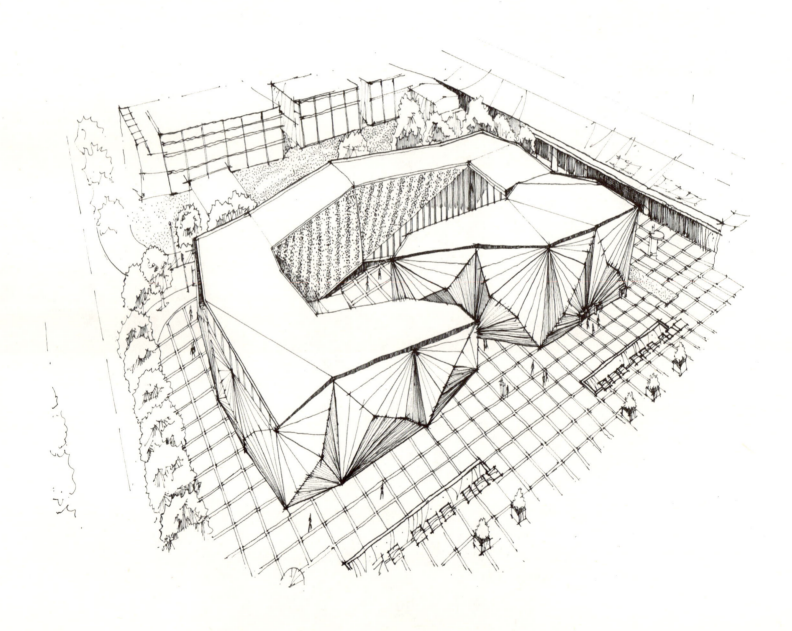

美国馆
USA Pavilion
08级 龚杏花

美国馆主题是"拥抱挑战 (Rising to the Challenge)"。展示美国是一个充满机遇和多元化的社会,人们聚集在这里致力于使他们的社区变得更美好。展馆外观如展翅欲飞的雄鹰,欢迎远道而来的客人。屋顶花园和瀑布外墙也是其造型的亮点。展馆是未来美国城市的缩影,包括了清洁能源、绿色空间和屋顶花园等元素,通过高科技手段,在四个独特的展示空间里,引领参观者踏上一段虚拟的美国之旅。

墨西哥馆
Mexico Pavilion
08级　王雁飞

展馆主题为"传承历史，面向未来，追求更加美好的生活"。墨西哥馆是一座由"风筝"组成的奇妙世界。在墨西哥官方语言西班牙语中"风筝"一词源于"蝴蝶"，在墨西哥，风筝代表人们对未来美好生活的期盼，而"风筝"又起源于中国，它将作为中国和墨西哥两种古老文化中的共同因素，意喻未来的无限腾飞与发展，也作为两国友好进程的象征和见证。

古巴馆
Cuba Pavilion

08级　张伟建

古巴馆由信息局、商店、酒吧等多种建筑物组成。这些建筑物虽类型不一，却和谐地交织在一起，使参观者仿佛在古巴小镇的中心穿行。多功能的公共广场不仅代表了古巴城市的核心，也展现了展馆的主题理念——"为每一位城市居民提供平等机会，使之能够积极参与城市的建设和变迁"。

哥伦比亚馆

Columbia Pavilion

08级　朱莹

哥伦比亚馆主题为"激情哥伦比亚，活力都市"。展馆的"高塔"形外墙上画满各种蝴蝶纷飞的装饰，具有浓郁的热带风情。侧立面精雕细琢的镂空花纹又有一种精致的现代感，散发着来自哥伦比亚的别样风情。

委内瑞拉馆
Venezuela Pavilion
08级　李志昊

委内瑞拉馆主题为"美好的生活创造美好的城市"。展馆外形酷似几何图形中的"莫比乌斯环",其三维立体结构被称为"克莱因瓶",意为一个没有边界的、连续的闭合曲面;外部与内部相融汇,比喻城市如同一条不间断的道路。馆内的露天庭院、上升台阶、传统的土著居民生活空间、开阔的玻利瓦尔广场等极具民族特色的元素相互融合,展示了委内瑞拉的文化、艺术和生活。

秘鲁馆
Peru Pavilion
08级 龚杏花

展馆采用秘鲁城市历史中最重要的两种建筑材料——竹子和泥土。外部以竹竿为装饰，让光线在交织的缝隙中透过。秘鲁馆的核心设计为一个用金属材料制作的占地25平方米的平顶金字塔。平顶金字塔是秘鲁最早的建筑之一，也是秘鲁早期文明的象征。按照设计，参观秘鲁馆的游客届时可登上平顶金字塔，通过六个巨型屏幕观看秘鲁的发展历程，了解秘鲁的古代与现代文明。

展馆的主题为"动感都市，活力巴西"。巴西馆的设计灵感来自鸟巢，展馆使用可回收木材作为外墙装饰材料，是一个"碧绿的鸟巢"，也宛如茂密的热带丛林，设计富有想象力，碧绿的颜色在夏日的阳光下显得安静、舒适。

巴西馆
Brazil Pavilion
08级　王家宁

智利馆

Chile Pavilion

08级　王伟

国土形状狭长如丝带的智利，选择了"纽带"作为其国家馆阐述的主题。从空中俯视，展馆呈不规则波浪起伏状，形如"水晶杯"，又有航船的意象。建筑由钢结构和玻璃幕墙构成，类似木桩的棕色长方体穿越整个"水晶杯"，长方体的侧端构成智利馆的出入口。重点展示智利人对城市的理解，包括如何建造一个更好的城市、如何提高人们的生活水平等。智利也许是地球表面上与中国相距最遥远的国度，而一口虚拟的"井"，将地球两端的人们连接起来，目光在此交汇，文化于此相融，可谓最遥远的距离，最贴近的心灵。

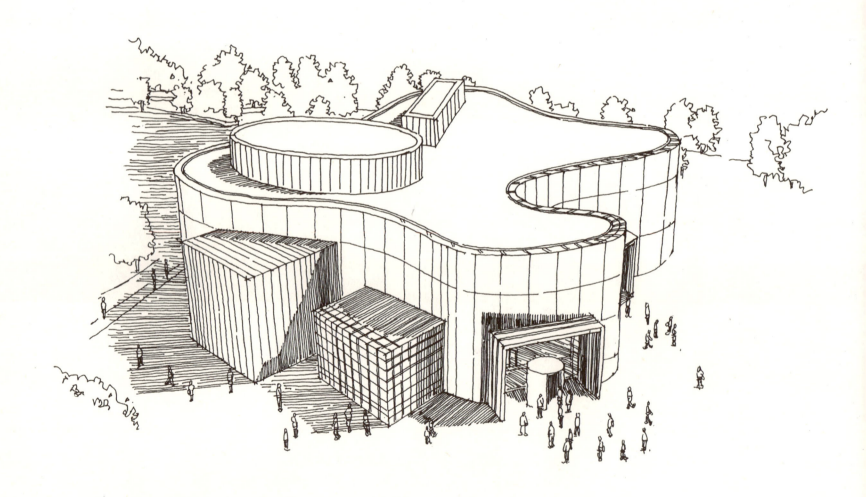

阿根廷馆
Argentine Pavilion

08级　王伟

展馆的主题是"阿根廷独立两百周年纪念，人文与城市建设成就礼赞"。阿根廷馆以新颖的构成方式用木板组合出赋有韵律感的外墙，加之白色与咖啡色的对比勾画出的图案，非常具有创意。

加勒比共同体联合馆
Caribbean Community Pavilion
08级　李志昊

加勒比共同体组织馆主题为"不同岛屿，不同体验"，展馆设计简洁规整，外檐的一抹蓝色，让人联想起加勒比海的美丽景色。整个展馆的布局十分巧妙，造型别致，展示了加勒比共同体组织15个成员国独特的自然风光和经济成就。

中南美洲联合馆
Central & South America Pavilion
08级 杨晨音

该馆由厂房改建而成，混凝土与钢结构巧妙融合，建筑朴实、大气。展馆内有厄瓜多尔、乌拉圭、巴拿马、尼加拉瓜等九个国家的展示，丰富地体现各自的文化和发展。

建筑景观 | 非洲国家馆
Architecture Landscape | Africia Pavilions

Part 1

埃及馆

Egypt Pavilion

08级　李启凡

场馆主题为"开罗,世界之母"。埃及馆外观以黑白两色为主色调,现代感十足,将开罗的现在与它璀璨悠久的过去紧密地连接在一起,凸显了开罗亘古以来作为区域性文化中心的重要地位。流线形的入口,让参观者对这个古老的王国倍感惊异和好奇。

利比亚厅展示了具有地域特色的建筑元素，在高科技视听设备的辅助下，描绘出传统与现代元素并存的利比亚城市面貌，展示了利比亚人未来的生活。展馆利用大量的薄纱，巧妙地模拟了一天中利比亚天空的变化，带来了利比亚的时空气息。馆内展示内容新颖，古达米斯狭窄的街道、的黎波里的风貌、古罗马风格的建筑，呈现出一派异国风情，既有极佳的视觉效果，又使参观者深切感受到利比亚的悠久历史，了解其城市建设的进程，并获得独特的原生态体验。

利比亚馆
Libya Pavilion
08级　孙玲

突尼斯馆

Tunisia Pavilion

08级　王家宁

突尼斯馆的主题是"突尼斯及其旅游城市",展馆设计融入了突尼斯国内建筑高大的拱券式门洞、欧洲城堡、传统花形等诸多传统建筑元素,建筑侧墙大面积墙绘展示了突尼斯传统和现代城市的不同风貌。馆内分"绚烂风光之国"、"多元文化之城"、"悠久文明之都"三个主要展示区域,凸显了这个文明古国丰厚的文化底蕴。

展馆的主题为"父辈的屋子"。展馆的形状整体借鉴了阿尔及利亚城市建筑遗产——卡什巴旧城区的要素,充分展示了北非传统的建筑风格。参观者在馆内仿建的"街道"中漫步,观赏名为《漫步卡什巴》的短片,然后登上"城市"的顶层,俯瞰刚刚穿过的街道,深度体验古老而又现代的阿尔及利亚。

阿尔及利亚馆
Algeria Pavilion
07级　夏嵩

摩洛哥馆的主题为"摩洛哥城市居民的生活艺术"。摩洛哥馆旨在通过展示摩洛哥城市的历史，让人们认识并了解摩洛哥人民的生活艺术。展馆线条简洁明快，装饰上采用了伊斯兰传统建筑风格，展现了摩洛哥丰富的传统文明遗产和当代城市居民的生活艺术，反映了摩洛哥对历史、文化、环境和城市发展等问题的思考。

摩洛哥馆
Morocco Pavilion
08级　杨晨音

尼日利亚馆

Nigeria Pavilion

08级　石东京

尼日利亚馆外部结构干净简单,但又不失其风格。馆内运用了大量的电子地图和电子书籍来向人们展示尼日利亚的传统文化、现在的发展趋势,以及对未来的构想。展馆还会有独特的活动表演,为尼日利亚增添了更加靓丽的光彩。

安哥拉馆
Angola Pavilion
08级　刘爽

展馆的主题为"新安哥拉,让生活更美好"。安哥拉馆外墙以非洲木雕为装饰,色彩鲜艳,具有流线动感的外墙酷似非洲少女的时尚发型,吸引着过往的参观者,具有强烈的民族特色。

南非馆
South Africa Pavilion
08级　龚杏花

展馆整体造型简洁、朴实，以明度极高的彩色招贴画的方式诉说着南非日益崛起及其非凡的活力。外墙上巨幅的纳尔逊·曼德拉像慈祥微笑着面向全世界，他告诫人们时间宝贵，用之慎之又慎，时间总是用来做正确的事情。

非洲联合馆
Africa Union Pavilion
08级　石东京

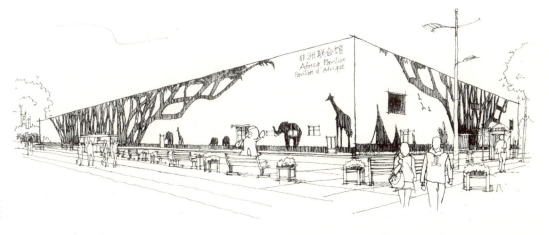

非洲联合馆是2010年上海世博会最大的联合馆。建筑外观用了10000多件钢构件搭起来的，树木、沙漠、动物的图案呈现在馆外立面上，通过这些富有着强烈非洲特征的元素，完美地勾勒出独具多样性的风貌，象征着古老而又充满生机的非洲大陆。非洲这片土地有着与生俱来的纯粹，充满未被磨砺的棱角和粗糙的线条，这里的一切都告诉我们，我们都是大自然的孩子。

建筑景观 | 大洋洲国家馆
Architecture Landscape | Oceania Pavilions

Part 1

澳大利亚馆
Australia Pavilion
08级　李欣潞

澳大利亚内陆红色泥土和红色沙漠中的"艾雅斯岩"是澳大利亚本土最具代表性的自然景观。2010上海世博会澳大利亚国家馆建筑对这些极具特色的本土元素进行了提炼：用特殊的耐风化钢覆层材料设计成了如红土般色彩鲜明的红色外墙面，并且此墙面会随时间的推移而由橙色变成红赭石色；展馆流畅的雕塑式外形如澳大利亚旷野上绵延起伏的弧形"艾雅斯岩"，如此的设计都表达出人与自然环境和谐统一的设计理念。

新西兰馆
New Zealand Pavilion
08级　张晋磊

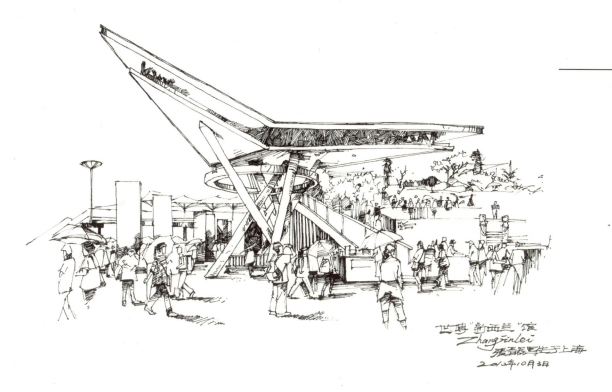

新西兰馆的主题为"自然之城：生活在天与地之间"。新西兰馆的屋顶是展馆的一大亮点，它是一座名副其实的植物园，布满新西兰特有的植物、花卉、水果和农产品。新西兰展馆创意取材于毛利族的古老传说，通过建筑构造和各种展览重现新西兰的古老神话，注重交互式体验，领略新西兰的多元文化与城市生活，展示人类城市与自然环境相生相悦的场景。

太平洋联合馆
Pacific Pavilion
08级　孙玲

太平洋联合馆主题为"太平洋——城市灵感的源泉"。展馆外观简单大方，内部布展别具风格，太平洋联合馆由14个太平洋国家和2个国际组织共同参展，16个参展方通过16个编织的"单帆"，展示了太平洋岛国独特的自然风貌、各具特色的人文环境和热情奔放的民俗风情。

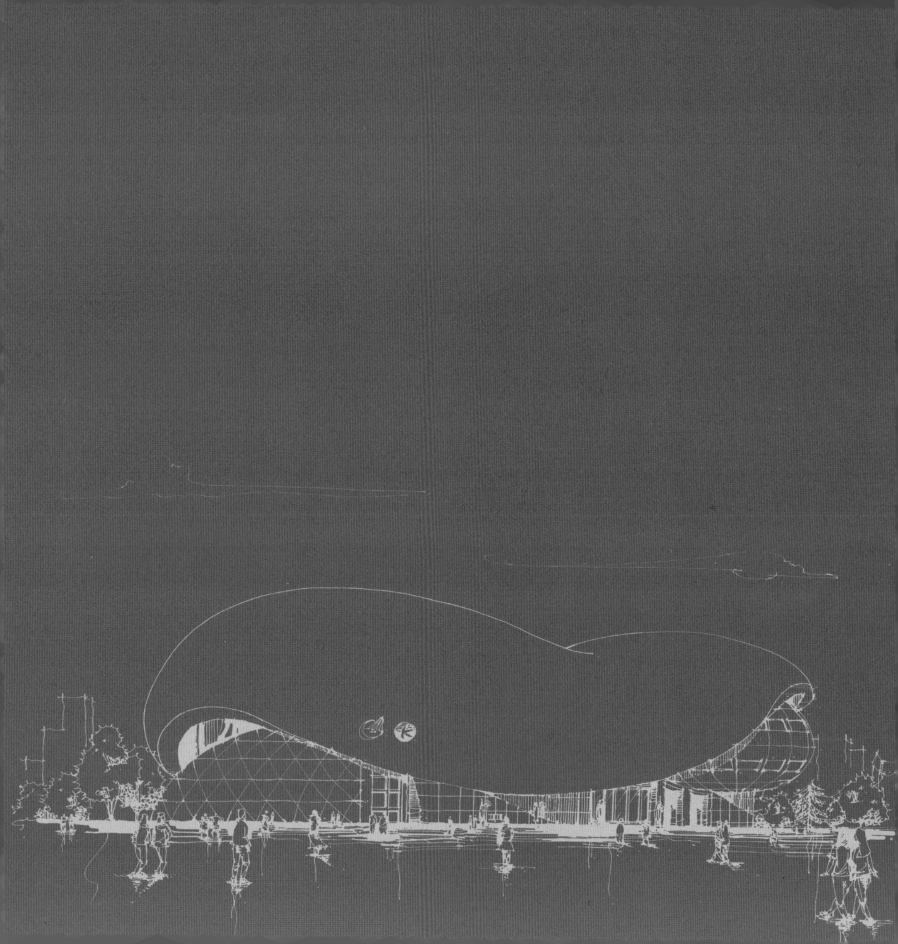

建筑景观 | 主题馆／企业馆
Architecture Landscape | Theme & Enterprise Pavilions

Part 1

城市未来馆的前身是南市发电厂旧厂房，是国内第一栋由老厂房改造成的三星级绿色建筑。建筑8层，总建筑面积达30000余平方米。它运用了多项能源和生态技术，如太阳能光伏发电、风力发电、江水源热泵、主动式导光、自然通风、绿色建材、水回收利用、半导体照明和智能化集成平台等多种技术。特别是将原有165米高的烟囱改造成气象景观塔，成为世博会中的一个地标性景观。

城市未来馆
Pavilion of Future
08级　王伟

城市足迹馆
Pavilion of Footprint
08级　郝铁英

城市足迹馆的主题是"展示世界城市从起源走向现代文明的历程中，人与城市与环境之间互动发展的历史足迹"。展馆全部以轻型钢结构建造，以"海宝教授"作为主视觉形象。

中国航空馆
China Aviation Pavilion
08级 张炫

中国航空馆外形源于变幻的"云",隐喻人类遨游蓝天的梦想;又似无限符号"∞",象征航空发展的无限可能,也寓意航空技术为城市带来的影响,展馆的昵称"飞无限"也由此而来。展馆外表覆盖洁白的膜材料,将"云"的意象带入参观者的眼帘,进而表现"飞"与"翔"的理念,表达人类超越地心引力的喜悦。

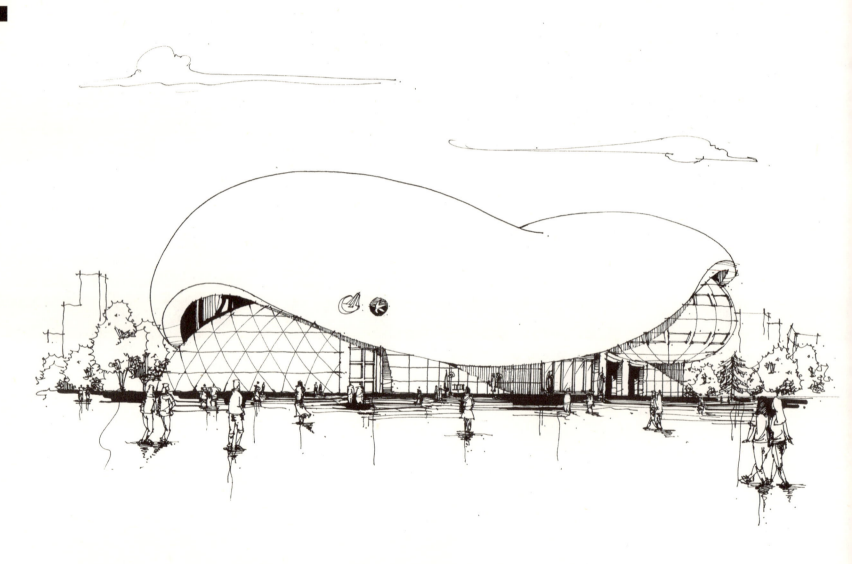

中国船舶馆
China Shipbuilding Pavilion
07级　王子鹏

中国船舶馆采用钢架结构，形似船的龙骨，借喻中国民族工业坚强的精神。展馆的建设还应用了最新的环保技术、智能化灯光的互动效果和借助先进的多媒体视觉技术，形成绿色环保展示环境，充分体现领航新时代，享受水生活，让参观者提前体验未来水域城市生活的美景，人与船舶、人与城市的紧密关系，集中体现"中国造船"元素，体现中国造船工业发展前景和对未来的展望。

太空家园馆
Space Pavilion
08级　李启凡

太空家园馆建筑外观以浩瀚的宇宙为背景，仿佛是太空飘来的神秘魔方悬浮在空中。展馆的主题为"和谐城市、人与太空"。展馆外立面采用环保、经济、可循环使用的纤维织物幕墙。幕墙通透性的特点，配合奇幻的灯光效果，改变了建筑夜间的形象，从而让"太空家园馆"形成白天与夜晚截然不同的视觉效果。

中国人保馆为前高后低的单层建筑，以 PICC 形象为展示主体，前后两个主立面及屋顶冠以鲜艳的 PICC 标志与世博标志，两个标志交相辉映、融洽和谐，既展示了中国人保锐意进取的企业形象，又突出"PICC，让世博更精彩"的庄严承诺。外墙运用红白两色，和谐搭配世博标识的绿色，色彩绚丽，恢弘大气。中国人保馆是世博会举办至今首次有保险企业参展建馆。中国人保企业馆将不仅着力展现中国人保深厚的历史文化和品牌内涵，同时，也将代表整个中国保险业，向来自世界各地的参观者展现中国保险业的辉煌成就。

中国人保馆
PICC Pavilion
08级　段雯

石油馆主题为"石油，延伸城市梦想"。展馆建筑被喻为"油立方"，外表装饰着管状编织图案，仿佛是交错编织的油气管道，极富行业特色和时代感。表皮材料为大面积异形 PC 板组合 LED 精细成像，在夜幕下显得流光溢彩，晶莹剔透。馆内分预展区、主展区、尾展区，以不同方式讲述了石油亿万年间的演化，体现了人类历史、城市发展的作用和对未来的美好愿景。

中国石油馆
Oil Pavilion
08级　王伟

中国铁路馆
China Railway Pavilion
08级　王家宁

中国铁路馆主题为"和谐铁路,创造美好生活新时空",外立面以质朴的材质、理性的网格体现了城市印象,中间部位以全色LED灯光模拟铁路网,代表了作为城市纽带的中国铁路在城市发展中的重要性和先进性。馆内分三个展区,主要展示中国铁路科技创新的成果,反映出铁路作为连接城市的纽带及对人类文明进步历程有着积极影响。

国家电网馆

State Grid Pavilion

08级　刘爽

整个建筑体现了"低碳"和"亲民"的设计理念。展馆外表是网格状肌理,粗细交错、虚实相间,寓意着电网与美好生活的艺术融合。展馆中央,巨大的透明"魔盒"具有极强的视觉冲击力。作为整个展馆建筑的主体部分,白天,它呈现出光影流动的景象,将参观者带入电网新技术的畅想世界;夜晚,它被突然"点亮",怦然心动间,世博"能量之心"星光迸射,在世博的夜空中耀眼生辉;参观者无论在展馆前、广场上,还是在远处的步行道上,都能看到其犹如烟火盛放般的美景,并将切身感受到其坚强而有力的脉动。

可口可乐馆位于世博园D片区内。映入眼帘的可口可乐经典标志性的瓶身伫立在场馆的正前方，在由红色金属材料制成的建筑外墙的映衬下，更显得光彩照人。这成为可口可乐馆的一大亮点，吸引着人们的目光。鲜艳的可乐红色醒目大方，让人感觉到可口可乐给人们带来的清爽与激情。

可口可乐馆
Coca-Cola Pavilion

08级　纪川

思科馆主题为"智能+互联生活",展馆由老厂房改建而成,展示了即将到来的美好生活,以及生活、工作、学习和娱乐如何通过科技的发展而转变。观众将对思科在城市可持续发展与数字城市建设方面的创新技术有所了解,并亲身感受到一座能够更好地推动经济发展、改善市民生活质量、减少碳足迹,并确保环境可持续性的城市。

思科馆

Cisco Pavilion

08级　杨晨音

信息通信馆

Information and Communication Pavilion

08级　王家宁

展馆建筑用 6000 块六边形板材覆盖外立面，构成了简洁大方的整体外观，不仅具有移动通信"蜂窝技术"的象征意义，也表达了未来信息通信"无差别、全覆盖"的概念。每个"六边形"的背后，还装置着节能 LED 灯，使信息通信馆可在夜晚呈现出"流光溢彩"的绚丽效果。"信息通信馆"契合了上海世博会"城市，让生活更美好"的主题，在信息通信技术的帮助下，展馆将城市生活梦想的体验全面刷新，创造一幅没有边界的未来信息城市生活画卷。

上海企业联合馆

Shanghai Corporate Joint Pavilion

07级　王璐

世博会上海企业联合馆,是一座灵感源自"庄周梦蝶"的"魔方"。其建筑风格、设计理念、环保应用、布展方式、娱乐体验和市民的参与都展现了城市未来的发展趋势。"魔方"的内部不再是被墙壁隔断的静态空间,而是以一系列自由、移动的形式打造结构网络,形成"会呼吸的建筑"。此外,借助电脑程序,建筑结构中的 LED 灯还可以不断改变建筑的魔方般外观。

韩国企业馆的外观设计来源于韩国传统文化元素，整个外观体现了人与自然的和谐，符合当今社会的和谐理念。整个展馆的外立面将由合成树脂做成，世博会后，这些树脂外立面将被全部拆除下来，变废为宝，制成环保袋，分发给上海市民。

韩国企业联合馆
ROK Corporate Joint Pavilion

08级　王东营

日本产业馆以"日本创意的美好生活"(Better Life from Japan)为主题,运用视觉、听觉、嗅觉、味觉、触觉等多种手段,向来馆者传递"清洁、可爱、舒适"的新日本感觉。在原本的大型工业厂房里,梦幻般的全息影像顶棚,忙碌的机器人,罕见的巨型电子屏幕被融合在一起,展示了一个以"来自日本的美好生活"为主题的日本产业馆。

日本产业馆
Japan Industrial Pavilion
08级　孙玲

上汽集团—通用汽车馆

SAIC-GM Pavilion

07级　王璐

通用汽车馆建筑轮廓线高低错落、变化无穷，数个充满奇思妙想的主题给参观者非凡的感官体验。由于汽车馆的外立面是由4000片铝板所组成的幕墙体系，好似一件炫酷的外衣，质感十足。设计灵感来源于大自然与汽车工业，螺旋形的曲线象征着自然旋转与升腾的动力，也暗喻着上汽集团与通用汽车携手开创美好未来。汽车馆外观上所采用的LED高科技设施和投影变色玻璃的应用，使其产生了美妙的变化，兼具随机性与主题性。

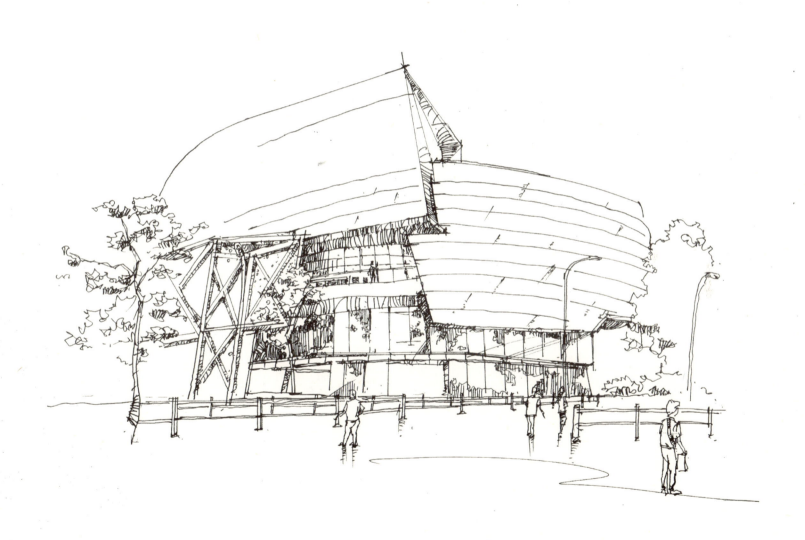

民营企业联合馆
Chinese Private Enterprise Pavilion

08级　王家宁

民企馆的参展主题为"无限活力"。建筑采用曲线造型，19个形似细胞的巨型圆柱体排列而置，突显了全国民营企业的整体形象；外墙材料采用了首次在建筑立面上使用的"智能膜"，在太阳光下，从不同角度观看会产生不同的视觉效果，美轮美奂。展馆通过运用一系列高科技元素，展示中国优秀民营企业的活力及内在生命能量，完美体现了"科技与生活、创造与奋斗"的深刻寓意。

远大馆
Broad Pavilion
08级 王家宁

远大馆的造型以生命为创意出发点，引入标志性的DNA生命通道及双螺旋DNA充气结构，主体分别为一幢"L"形和一幢金字远大馆主要以塔形的建筑组成，"L"形建筑最高为8层，另一面为2层。它用自己的理念打造出朴素而舒适的生活，同时也表达出对低碳环保的更好选择。

震旦馆

Aurora Pavilion

07级 林凤

震旦馆主题为"中华玉文化、城市新风格"。震旦馆灵感来源于玉的"五德",展示围绕人的美好品德——仁爱、义行、礼貌、智慧、信誉,引申出当下城市的新风格,展现世博会的主题。震旦馆为一座"L"形的象牙色建筑,一座6米高的神秘雕塑蹲坐在展馆上方。雕塑原型是有着6500多年历史的红山玉人,玉人以手臂托头,若有所思,是传统文化对后人的召唤。

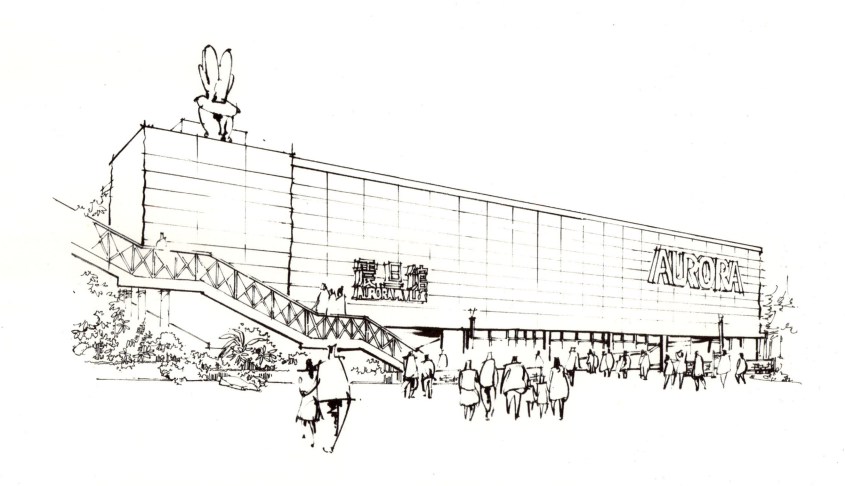

万科馆

Vanke Pavilion

08级　刘馨月

万科馆作为一幢低碳建筑，选用麦秸秆压制而成的麦秸板作为主要的建筑材料，将农作物秸秆的再利用发挥到极致。它通过五个小故事来讲述关于人、自然和城市的相互尊重，与来自五湖四海的参观者分享对"尊重的可能"的思考与探索。思考与探索一个人的未来，也意味着一个城市、一个国家甚至整个地球的未来。同时，它还象征通往未来的一段旅程，其中蕴含着无限可能。

建筑景观 | 国际组织馆
Architecture Landscape | International Organization Pavilions

Part 1

世界气象馆

Metroworld Pavilion

08级　彭奕雄

世界气象馆是世博会历史上出现的首个独立的气象展馆，总建筑面积为1230平方米，与联合国馆为邻。展馆建筑外墙采用膜结构处理，在阳光照映下，不时会产生美轮美奂的景色。气象馆以"树立世界气象组织形象，努力促进人与自然的和谐的能力和贡献"为展览主题。

红十字会与红新月会国际联合会馆
International Red Cross & Red Crescent Pavilion

07级　李倩

场馆主题为"生命无价——人道无界",展馆外观简约大方,雪白的色调突显"红色十字"与"新月"标识,外墙上约8米高的四人高举双手图案,象征着"携手为人道"。展馆入口造型的创意来自帐篷的形象,营造了一种"在现场"、"在行动"的真实感。展馆内分为"黑色记忆"、"人道之光"、"行动你我"三个主要展区,展示人类遭遇过的一系列重大战争与灾难,以及国际红十字与红新月运动在减轻人类的苦难等方面所作出的不懈努力。

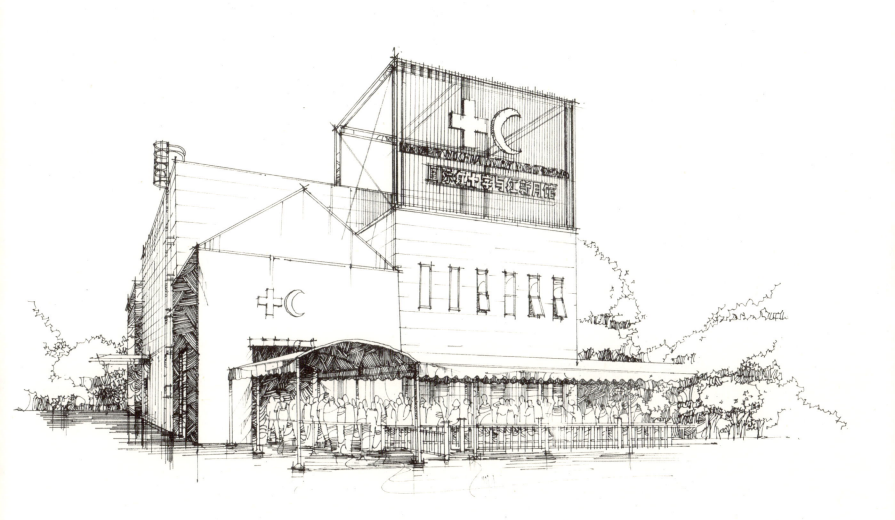

联合国联合馆
UN Pavilion
08级 刘爽

作为当今世界最大、最重要、最具代表性和权威性的国际组织，集中展示联合国及其系统机构的各国际组织在可持续发展、气候变化、城市管理等领域进行的有益尝试和成功实践。展馆外观简洁大气，以蓝色为主色调，配以醒目的联合国会徽和名称。整个场馆并没有体现任何一个国家的建筑风格，也恰恰因此，才使得联合国的建筑非同一般，整个方形的结构，也呼应了主题，达到了一种和谐美。

世界贸易中心协会馆
WTCA Pavilion

08级　王伟

世界贸易中心协会馆主题为"透过贸易促进和平与稳定"。建筑设计灵感源于中国哲学的"天圆地方"和"八卦",展馆外部由蓝天渐变至大地青绿色,寓意着和谐自然。

国际组织联合馆
International Organization Joint Pavilion
08级　李椿生

建筑外观简洁庄重，馆内设有上海合作组织馆、公共交通国际联会馆、世界水理事会馆、世界城市和地方政府联合组织馆、东南非共同市场馆、全球环境基金馆、阿拉伯国家联盟馆、国际竹藤组织馆、国际博物馆协会馆、法语国家商务论坛馆、博鳌亚洲论坛馆等展馆。

国际信息发展网馆
International Development Information Network Pavilion
08级　李启凡

国际信息发展网馆的主题是"城市援救与和谐生活、国际沟通与合作"。展馆外墙采用全玻璃结构，晶莹剔透。在入口处，有七根直径超过1米的立柱，四周包裹透明玻璃，柱内利用水的落差瞬间形成"大爱无疆"等字样和图案循环演示。七根巨型立柱内的水分别从世界各地的海洋采集。展馆采用"玻璃外衣"这一新技术显示出它的独特之处，也为游客带来新奇的感觉。

建筑景观 | 城市最佳实践区
Architecture Landscape | Urban Best Practices Zones

Part 1

上海案例馆

Shanghai Case Pavilion

07级　刘彦欣

案例名称"沪上·生态家",它的原型是位于上海市闵行区的我国第一座生态示范楼,案例馆采用15万块上海旧城改造时拆除的旧石库门砖头砌成,集生态智能技术于一身。这座立足于上海的城市、人文环境、气候特征的建筑,通过"风、光、影、绿、废"五种主要"生态"元素的构造与技术设施的一体化设计,展示了未来"上海的房子"。

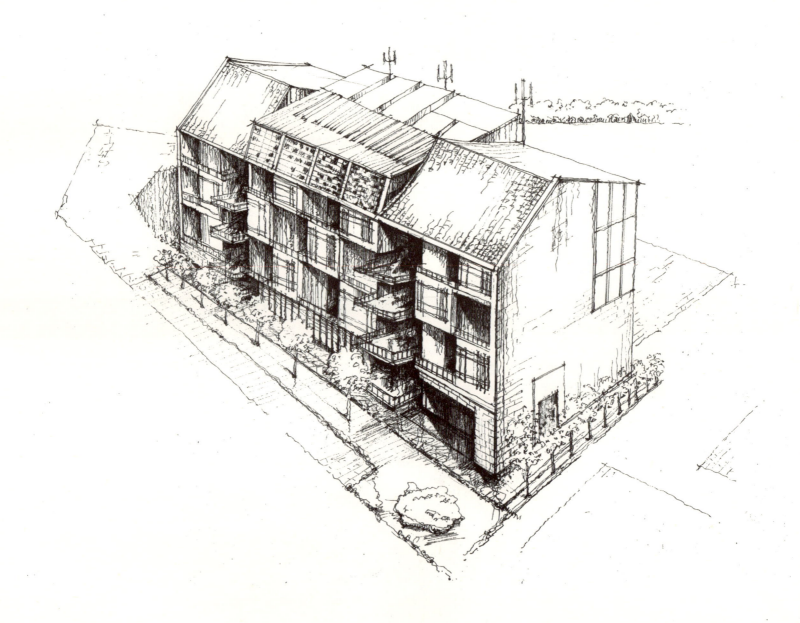

宁波案例馆

Ningbo Case Pavilion

08级　杨晨音

宁波案例馆案例名称为"中国滕头，城市化与生态和谐"，实践案例馆外观为一座上下2层、古色古香的江南民居。案例馆运用具有江南民居特色的建筑元素与园林有机的结合，再现了滕头所营造的"村在景中、景在城中"的生活模式，展示了全球生态500佳和世界十佳和谐乡村的发展路径，进而凸显宁波"江南水乡、时尚水都"的地域文化，展示生态环境、现代农业技术成就以及宁波滕头人与自然和谐相处的生活。

成都案例馆

Chengdu Case Pavilion

07级　马眉

中国四川省成都市的活水公园是一座以水保护为主题的城市生态景观公园。其设计理念秉承"天人合一"的东方哲学思想和"人水相依"的生态理念，营造出与周边环境和谐相融的园林景观和公共空间，呼吁人们珍惜水资源。成都案例馆以此为原型进行了精心的自然式设计，通过具有地方性景观特色的净水处理系统，模拟重建自然植物群落以及地方特色的园林景观组成，同时也对环境的主题进行了多方面的诠释。向人们展示了被污染的水体在自然界由"浊"变"清"，由"死"变"活"的过程。

西安案例馆
Xi'an Case Pavilion
08级　王伟

西安案例馆所展示的是大明宫遗址区保护改造项目，是上海世博会唯一入选的大遗址保护项目。该馆以唐代阙楼建筑艺术的代表"三出阙"形式而建的栖凤阁1：1比例复原实体，但该馆又通过新技术、新材料、新结构的运用成为一座全新功能的现代展馆，充分展示了历史文化遗产保护与城市现代化建设和谐共生这一世界性课题。

澳门案例馆

Macau Case Pavilion

08级　张成

澳门案例全名为"澳门百年老当铺'德成按'的修复与利用"。整体以灰色调为主，以百年老当铺"德成按"的修复利用为亮点，变成"典当博物馆"和"文化会馆"。展馆内设有"典当业展示馆"、"英雄人物展示廊"、"澳门资料馆"等展馆不但将原貌重塑，还通过多媒体展示告诉参观者"德成按"的历史，以及如何通过修复利用使老当铺变身为"典当博物馆"和"文化会馆"的故事。

麦加案例馆的案例名称为麦加米纳帐篷城。案例展示如何在4平方公里的范围内解决300万人的居住问题。展馆用18个帐篷、直径26米的遮阳巨伞构成模拟的极限条件下的人居环境。整个展览围绕着帐篷城的城市规划展开，参观者可以看到帐篷城的总体模型，领略世界上最大的人工蓄水池的独特风貌，了解保护帐篷城免受泥石流和洪灾损害的先进工程。

麦加案例馆
Mecca Case Pavilion
08级　张成

欧登塞案例馆
Odense Case Pavilion
07级 戴澌

案例名称为"自行车的复活",丹麦欧登塞在城市最佳实践区内展示其在倡导自行车在交通方面所作的贡献。展区的平面格局酷似安徒生童话中的"太阳脸"。案例馆运用最先进的互动技术,举办各种互动活动,使展览具有丰富的参与性和体验性。

汉堡案例馆
Hamburg Case Pavilion
08级 张成

汉堡案例馆以"新耐久性建筑项目"为主题，它是一座奇特的建筑，不需要空调和暖气，却能四季保持室内25℃左右的恒温。建筑所消耗的外部能源只有普通房屋的10%，多种生态技术的综合运用使得"汉堡之家"成为一座以极低的能耗标准为特征的"被动房"。汉堡案例馆展现了德国汉堡居民对未来城市生活的愿望，以及汉堡针对这些愿望作出的回应。

伦敦零碳馆案例名称为"零能耗生态住宅发展项目",以世界上第一个零二氧化碳排放的社区贝丁顿零碳社区为原型,结合上海的气候特征,通过节能设施及可再生能源实现二氧化碳零排放。馆内设有零碳报告厅、零碳餐厅、零碳展示厅和六套不同风格的零碳样板房。

伦敦案例馆
London Case Pavilion

08级　赵雪

阿尔萨斯案例馆

Alsace Case Pavilion

08级　王家宁

阿尔萨斯案例馆案例名称为"水幕太阳能建筑"，案例原型为法国阿尔萨斯布克斯韦尔高中的太阳墙，是一个通过太阳能达成室内舒适性的节能环保建筑范例。上海世博会上，该案例被建成一个缩减能源需求的展馆，南立面上的水幕太阳能墙体由电脑自动控制，可以随着室外温度和日照强度的变化自动开闭，既能遮阳降温，又能有效减少能源消耗，因此室内摆脱了对空调的依赖。

罗阿案例馆
Rhone-Alpes Case Pavilion
08级　龚杏花

罗阿案例馆以"城市环境下的生态能源和可持续家园"为主题，总建筑面积达3500平方米。此案例馆的生态建筑理念，主要体现在生活空间的利用、质量和建筑的节能效率两个方面。在罗阿馆正前方的广场上建有一个670平方米的玫瑰园，向参观者展示法国最美的古典玫瑰和现代玫瑰，是场馆的一大亮点。罗阿馆的顶层既是厨艺学校，也是一家可同时容纳150~200人就餐的法国餐厅。参观者可以在此尽情品尝地道的法国美食。

马德里案例馆
Madrid Case Pavilion
08级 王伟

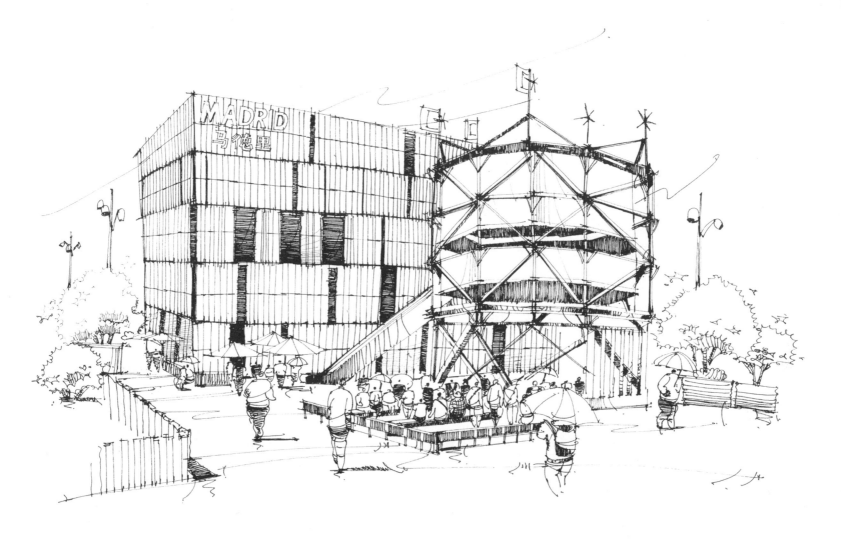

马德里馆展示主题为"马德里是你家"。以"竹屋"和"空气树"为题材,展示了可再生能源、新型环保材料、先进的生态技术以及有效的建造流程在马德里建筑建设中的广泛应用。"竹屋"的原形来源于马德里当地的公共廉租房,它特制的竹制"皮肤"起到了调节光线、通风、隔热、隔声、保护房子抵御高温和风雨的作用。"空气树",是用环境技术营造的不同于空调房的气候控制温度,在炎炎夏日中给游客提供了一个凉爽宜人的休息聚会场所。

温哥华案例馆
Vancouver Case Pavilion
08级　郝铁英

温哥华案例馆的直线形部分取自于一种典型的温哥华建筑——木结构混凝土混合结构建筑。它是一种典型且普遍的温哥华建筑，非常具有温哥华特色。这种建筑将体现出木结构优异的保温性能和出色的抗震能力。温哥华案例馆占地约200多平方米。温哥华案例馆设计新颖，常规的直线形元素与特别的球体元素的美妙结合，展现了木材的广泛用途，体现着可持续且循环的建筑理念。

欧洲案例馆1是一座大型轻钢结构建筑，外墙以彩色压型钢板拼接而成，富有现代大型展馆特征。馆内由马耳他、安道尔等四个国家共同组成，建筑简洁明快，充满现代气息。

联合案例馆1
Case Joint Pavilion 1
08级　李启凡

联合案例馆2
Case Joint Pavilion 2
08级　石东京

欧洲案例馆2由两栋"挽着手臂"的单层大空间展馆组成，外墙同样以彩色压型钢板拼接而成。馆内由阿塞拜疆、保加利亚等九个国家共同组成，夜晚霓虹灯效果醒目、漂亮。

联合案例馆3-1
Case Joint Pavilion 3-1
08级　李曼

以中国最古老的建筑材料"砖"作为建筑外墙装饰,以原有工业厂房建筑改造而成,建筑空间关系生动,富有历史气息又结合现代元素,恰当地展现了城市更新与历史保护之间的关系。

案例联合馆3-2
Case Joint Pavilion3-2
08级　石东京

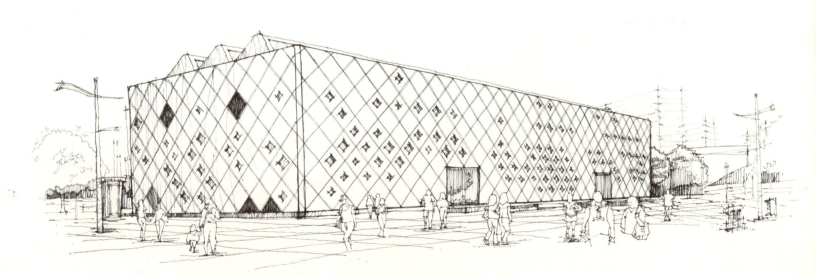

联合案例馆 4-1
Case Joint Pavilion 4-1
08级　李曼

联合案例馆 4-2
Case Joint Pavilion 4-2
08级　李曼

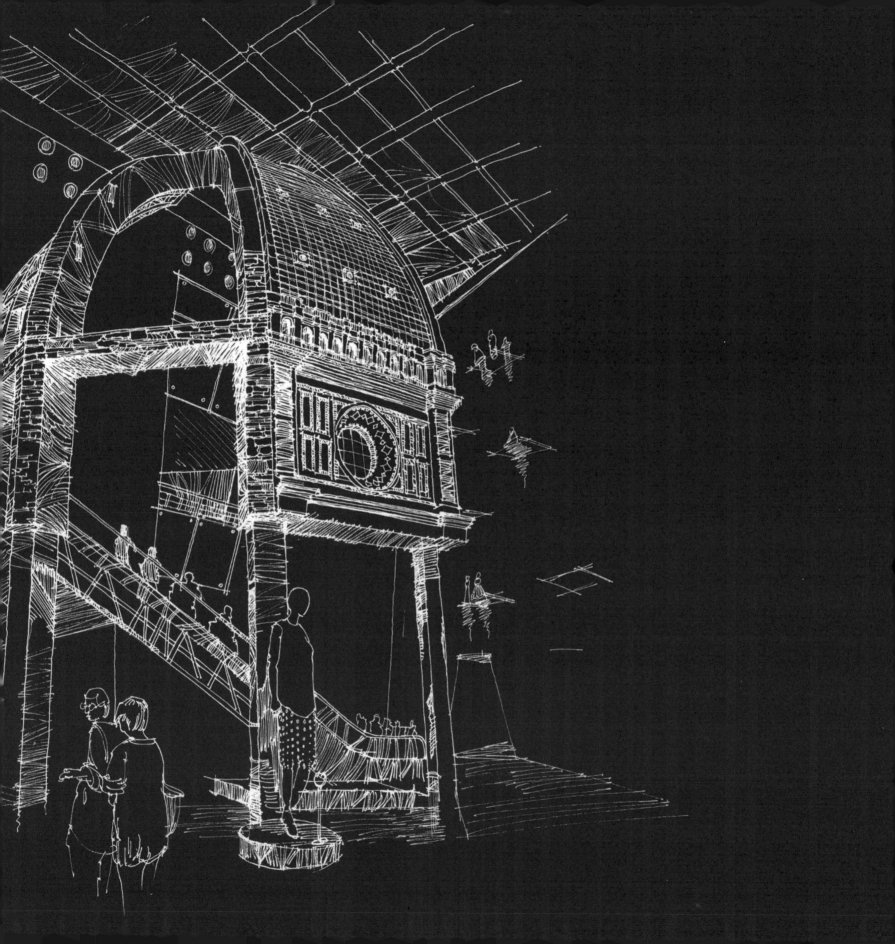

室内景观
Interior Landscape

中国省市区馆
欧洲国家馆
亚洲国家馆
美洲国家馆
非洲国家馆
大洋洲国家馆
企业／国际组织／案例馆

室内景观 | 中国省市区馆
Interior Landscape | Province Pavilions of China

Part 2

北京馆
Beijing Pavilion
08级　刘爽

北京馆的参展主题是"魅力首都——人文北京、科技北京、绿色北京"。展馆通过天坛、水立方、国家大剧院、鸟巢等形态,演绎出北京充满人文、科技、绿色的城市魅力。北京馆用别有情趣的参观方式,多角度地展示北京充满活力、富有魅力、具有竞争力的国际城市形象。

2010上海世博北京馆
Beijing Pavilion

天津馆总面积约600平方米，分为五个部分。序厅主要反映天津的历史文化和经济社会发展综合情况。主题演绎厅以京津城际铁路为载体，以视频演示的方式向参观者介绍天津高速发展、滨海新区神奇崛起的故事。生态环保厅突出宣传天津生态宜居高地建设，重点展示中新生态城、循环经济示范项目等内容。高科技厅以阵列小球的不同组合变化展示天津高端产业高地和自主创新高地的成果。

天津馆
Tianjin Pavilion
08级　李启凡

山西馆

Shanxi Pavilion

08级　杨晨音

展馆内部充分运用晋居大院、鱼沼飞梁、杏花村里等元素，向世人展示一个具有浓郁传统特色，又充满时代精神的山西。木制牌楼及室内陈设反映出三晋儿女对未来城市发展的美好憧憬。

辽宁馆

Liaoning Pavilion

08级　李志昊

辽宁馆以"钢铁海律话辽宁"为主题，并突出"共和国长子"的工业底蕴和沿海经济带建设等内容。展馆分三个展区，以多媒体等高科技手段为参观者展现辽宁的过去、现在和未来。远观辽宁馆，宛如一朵巨大的蓝色浪花，材料上全部采用金属板材，体现了钢的坚韧与海的韵律，将辽宁这个老工业基地与沿海省份的双重身份完美地结合在一起。

上海馆
Shanghai Pavilion
08级　李启凡

以石库门造型为主要元素，设计风格简约，但气氛强烈；外观朴素，但其格调具有现代感，非常符合上海这座城市庄重而不失灵动、历史与现代交融、东西方文化融合的特征。观众将在上海馆外墙上看到一场奇妙的表演——随着5000块三棱镜分毫不差地转动，长达33米的巨型外墙发生瞬间变换。展馆以"永远的新天地"为主题，通过外墙空间、等候空间和内场空间，展示一个更有魅力、更为融合、更加智慧的上海，以表达对"城市，让生活更美好"的理解。

浙江馆
Zhejiang Pavilion
08级　纪川

馆内空间布局分为三个部分，层次清晰明确。前厅部分，弧形的墙面上的视频，展现了浙江的风土人情；中厅部分，巨型青瓷碗上投射出"河姆曙光"及"西湖览胜"等十幕实景；后厅部分，主题为"城市与乡村的联动"，展现了浙江的风景和习俗。整个场馆完美地诠释了"幸福城乡，美好家园"的主题。

福建馆
Fujian Pavilion
08级　黎婵娟

福建馆以"绿色宜居城市"为主要展示内容,通过高科技LED显示屏模拟的九曲溪,武夷山、鼓浪屿、妈祖像等实景模型,展现福建美丽的景色、良好的生态和闽台独特的"五缘"关系,向人们展示海峡西岸的发展状况。

山东馆
Shandong Pavilion
08级　孙玲

山东厅展馆外观以雄伟的泰山为主角,侧面是抽象的海浪造型,形成"青山连绵不绝,绿水长流不断"的文化意境,勾勒出"海岱文化"的山东地理形态。入口设计成敞开式,表达了山东人民"有朋自远方来,不亦乐乎"的热情与好客。馆内有"智慧长廊"、"城市窗口"和"齐鲁家园"三大展区,展示文化山东、魅力山东、好客山东以及山东人民未来的城市生活,进而表达"和而不同,我们的家园"的城市内涵。

湖北馆

Hubei Pavilion

08级 赵紫薇

湖北馆内主展区入口处设有激光琴，观众以手抚之，可闻琴声清越激鸣，余音绕耳。展厅中立体水幕系统向人们讲述着"水的历史是城市的历史，城市的历史即我们的历史"的理念。

广西馆

Guangxi Pavilion

08级 刘正瑜

广西厅给我的第一印象是清秀的外观，与我脑海中那个秀美的广西非常相像。展馆以桂树、桂花为视觉构架，象鼻山掩映其中，展现出青山绿水、鸟语花香的自然生态景观。馆内还通过沙盘、模型、视频等多种手段展示"绿色家园，蓝色梦想"的主题，让人们流连忘返在这具有浓郁特色的广西风情之中。

贵州馆
Guizhou Pavilion
08级　张炫

贵州馆以"返璞归真，回归自然，生活更美好"作为设计理念，展馆空间通透、开放大气，使用贵州特色银饰为设计元素，具有强烈的视觉冲击力和多元人文特色，给参观者留下深刻的印象。

云南馆
Yunnan Pavilion
08级　王霄君

云南馆以昆明市的标志性建筑金马碧鸡坊为入口，形式美观大气，走进室内更是色彩斑斓，令人眼花缭乱。展示傣家竹楼等云南少数民族建筑，通过展示普洱茶及茶艺表演，将茶文化和特有的地方少数民族风情展现得淋漓尽致。

西藏馆
Tibet Pavilion
08级　李椿生

展厅以"新西藏、新发展、新生活、新变化"为展示主线，以"保护生态环境，传承民族文化，创造美满生活，促进可持续发展"为展示理念，通过幸福天路、主题影院和幸福民居三个展示区域，展现西藏独特的文化魅力，西藏各族人民心向祖国、奋发向上的时代精神风貌，以及西藏各族人民对实现小康西藏、平安西藏、和谐西藏宏伟目标的美好憧憬。

陕西馆
Shaanxi Pavilion
08级　朱亚希

围绕"人文长安之旅"这一主题，陕西馆主打"有故事，有人气"的华清池这一文化品牌。内部皇宫般华丽的木雕门，诉说着当年杨贵妃与唐玄宗的爱情悲剧。展馆门口，参观者将看到以唐明皇、杨贵妃为原型设计的两个仿真机器人在笑迎海内外宾客。这样的设计构思充分地展现了传统与现代的完美结合。

甘肃馆
Gansu Pavilion
08级 冉行宽

馆内以"丝绸之路"上的城市兴衰与再生为主线,设立"城曲"、"壮歌"和"新韵"三个部分。将汉简和飞天作为主要设计元素,突出甘肃特色。

青海馆
Qinghai Pavilion
08级 韩予

上海世博会青海馆主题为"中华水塔三江源"。青海馆以西高东低的地理形态作为基座,以如意造型的昆仑雪峰构建展示空间,展现三江源是中华水塔,是生命之源、文明之源、城市之源。

宁夏馆

Ningxia Pavilion

08级 王亚南

宁夏馆以"朔色长天"、"凤鸣塞上"、"宁静致远"为主线,展现宁夏城市发展与人们生活的过去、现在和未来。这里是黄河文化与伊斯兰文化的融合之处。参观者可以在此领略到塞上湖城的奇特景观,雄宏贺兰的身影,凤鸣塞上的丰收美景。游客还可以通过一组流水荧幕的互动游戏,使黄河之水流入沙漠,流入城市,流入人们生活的方方面面,使沙漠变绿、城市变美。

新疆馆

Xinjiang Pavilion

08级 刘文敬

展馆外墙以新疆建筑元素为参照,巧妙地融入文化符号,形成完美的色彩搭配。用简洁明快的方式表达了新疆人的豁达开朗。新疆馆通过三大板块展示"走进新疆"、"和美新疆"和"甜美新疆"三个主题,参观者可以发现、感受新疆的无限美好。

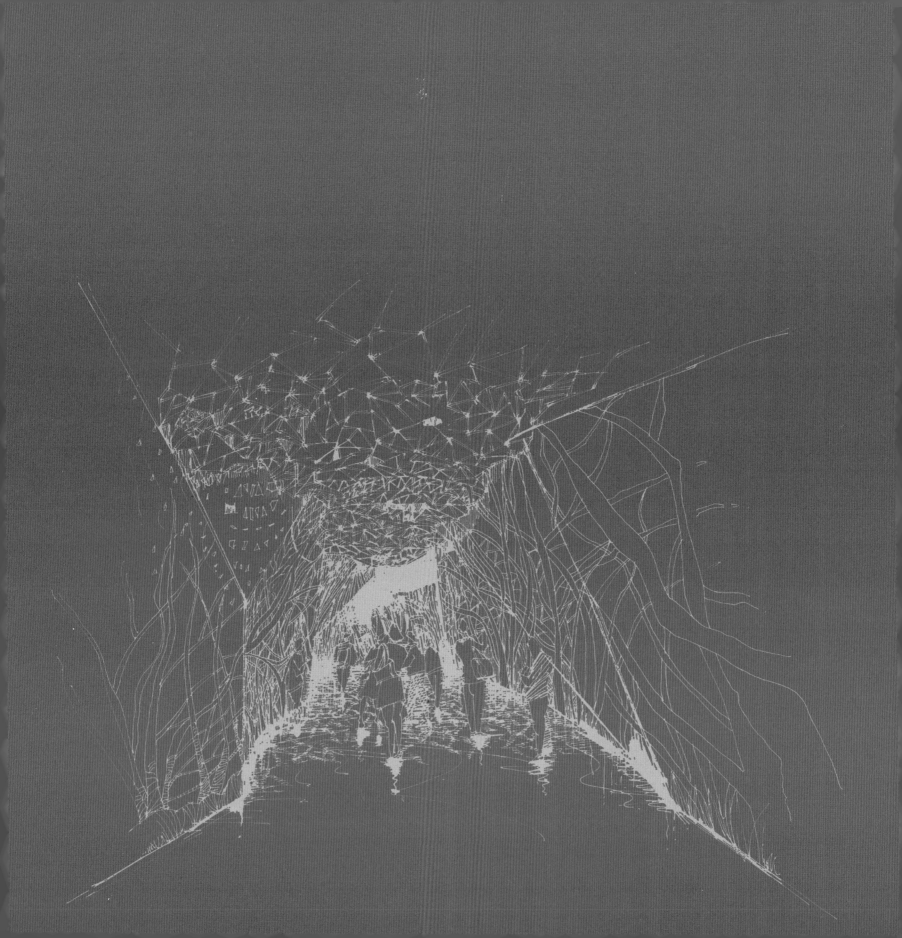

室内景观 | 欧洲国家馆
Interior Landscape | Europe Pavilions

Part 2

瑞典馆
Sweden Pavilion
08级　黎婵娟

瑞典馆的室内设计体现了其独特的文化。其入口处的立方体使用的木材是为了向世界展示瑞典城市和森林的完美结合。在展馆的展示方面，也同样使用了大量元素展示瑞典人对森林的热爱。在瑞典馆的四个立方体组成的十字形通道两旁，装饰着瑞典森林的照片。使参观者犹如漫步林间。作品旨在表现木质桌椅和小盆景，以此传达瑞典馆绿色环保的设计概念。

乌克兰馆
Ukraine Pavilion
08级　李志昊

走进乌克兰馆，首先进入眼帘的是一些深褐色纹饰，这是生活在几千年前的特里波耶人绘制在各种器物上的图案。馆内同时展示了乌克兰人在环保、节能和城市规划等方面取得的最新成果。从远古纹饰到当代科技，希望通过这些不同历史阶段城市发展的精华，来诠释其对"城市，让生活更美好"这一上海世博会主题的理解。

波兰馆

Poland Pavilion

08级　张成

波兰馆外观仿如立体剪纸,色彩变幻的光线穿过剪纸的镂空在馆内营造了一种明暗错落的效果。展馆内部空间灵活,以墙体作为屏幕,播放波兰城市生活的影片,充分展现了"波兰在微笑"的主题。

匈牙利馆

Hungary Pavilion

08级　冉行宽

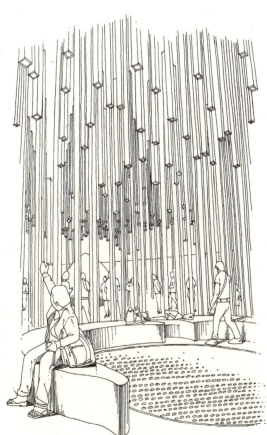

匈牙利展馆内用600根木棍垂直布置,一半固定、一半可动,形成高低不同错落有致的布局。每个木套筒都配有灯光和音响,通过木棍移动、灯光和声音的变化,营造出河流、广场等不同的画面,让参观者身在其中感受不同的意境,探索人与自然的关系。

比利时馆
Belgium Pavilion
08级　张晋磊

比利时馆的参展主题是"运动和互动"。展厅的内部装修呈现新奇、迷人的效果，通过展示美食、钻石等，向参观者展现一个生机勃勃的比利时，引领参观者探索其丰富的文化和内涵。

卢森堡馆
Luxemburg Pavilion
08级　刘馨月

展馆的设计以"卢森堡"的中文意义为主题，并将其与中国的"风水"说联系起来。展厅内人们可通过投影屏幕欣赏到卢森堡的悠闲生活、便利的设施和独特的魅力。其中庭设计体现了中国园林的特点。建筑大量使用了钢材和木材这两种可循环和再生的材料，体现了卢森堡的国家特色，同时也很好地呼应了本次世博"城市，让生活更美好"的主题，体现了尊重自然、重视节能、关注可持续发展的设计宗旨。

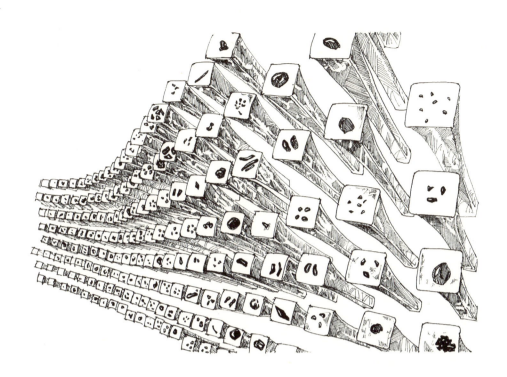

英国馆
UK Pavilion
08级　朱亚希

英国馆最具震撼力的无疑是"蒲公英"的发光触须。白天，触须会像光纤那样传导光线来提供内部照明，营造出现代感和震撼力兼具的空间；夜晚，通过控制系统在建筑的内外空间展现不同的图案，与观众产生互动。

西班牙馆
Spain Pavilion
08级　王雁飞

西班牙馆内装饰采用与外部一致的藤板材料，内外相得益彰。运用环保的纸壳与麻绳，在色彩与形式上遥相呼应。展馆内设"起源"、"城市"、"孩子"三大展示空间，体现了"从自然到城市"、"从我们父母的城市到现在"、"从我们现在的城市到我们下一代的城市"的主题，展示从远古的野蛮到现在的文明，再到对未来的畅想。使人无不感叹西班牙光辉灿烂的历史。

意大利馆
Italy Pavilion
08级 李曼

意大利国家馆的室内空间具有强烈的视觉冲击力，空间中的展品惟妙惟肖地再现了罗马古城的风貌。走进意大利馆仿佛走在了意大利碎石山路上，空气中弥漫着葡萄酒香气，建筑、名画、时装、顶级跑车一一浮现在眼前，令人目不暇接。巨大的穹顶吸引了我，我以此来表达对意大利浓郁的艺术生活和意大利建筑的历史文化喜爱。

马耳他馆

Malta Pavilion

08级　刘文敬

马耳他国家馆位于欧洲联合馆内，其展馆主题是"八千年的文明，生活的中心"，因此马耳他馆以其悠久的历史和文化作为展馆表现的重点，将其国家具有历史代表性的石材、巨柱和雕刻作为展馆的建筑外观，体现了马耳他独有的历史底蕴。展厅运用最新智能照明和视听系统技术，流动的展台、形式多样的雕刻、巧夺天工的古代巨石等，让参观者亲身体验马耳他城市与众不同的魅力，及马耳他现代城市的复杂性、独特性和未来的发展趋势。

波黑馆

Bosnia and Herzegovina Pavilion

08级　李志昊

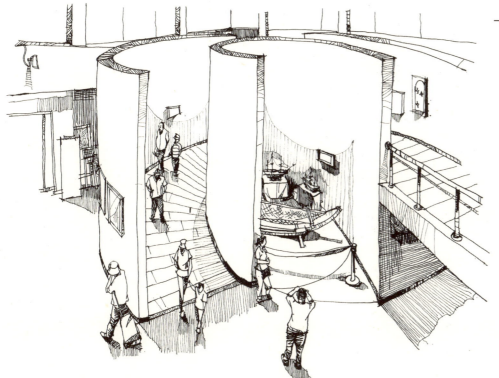

馆内有一条"8"字形坡道在正中蜿蜒穿过。展馆内部分成"城市空间"、"草地景观"、"电影魔盒"、"文化互动"、"城市创新"五个分展区，全面地向观众展示了波黑在人文、地理、历史以及城市发展和创新方面取得的成就。

黑山馆

Montenegro Pavilion

08级 赵紫薇

黑山馆内部用错落有致的布局打造出完美的视觉享受：展馆四周叠立着高山，深浅不一的色彩，渐渐淡化出一个视野开阔的全景图，游客在这里可以鸟瞰整个国家的风景。地面铺设的反光材料让人想起河流，湖泊和海洋。在展馆的中心隐藏着一个魔法森林，置身其中游客将深入地探索黑山的文化，亲身感受民俗风情并参与自然公园里的各种活动。

希腊馆向参观者展示了"一个充满活力和生气的城市"。整个展馆由若干个相对独立的建筑模块组成，向参观者展示了希腊城市、大海、集市、生态、城市、乡村、剧场、步行道、港口以及广场等生活场景。在参观时，依照参观者自己的步调节奏来参观，而不规定特有的参观路线，因此，可以边走边看边思考，来充分体会这个多彩的国家。

希腊馆
Greece Pavilion
08级　曲云龙

室内景观 | 亚洲国家馆
Interior Landscape | Asia Pavilions

Part 2

蒙古馆
Mongolia Pavilion
08级　纪川

走进场馆内部，场馆以黄色和黑色为主，体现戈壁生态危机已经渐渐来临，让人反思，寓意城市要与自然和谐发展，协调发展。向世人示警，如果继续破坏环境人类可能像恐龙一样灭绝。场地中央有一枚巨大的恐龙蛋模型，内有恐龙骨架，供人参观。让人有一种身临其境的感觉。馆内四周还布置了恐龙宝宝模型和蒙古包，让人们多角度地体会蒙古的风情。

韩国馆
ROK Pavilion
08级　刘文敬

韩国馆展览空间分为三部分。展馆一层以微缩的韩国首都首尔地图作为地面图案，并铺设不同色彩的地砖，让人感觉步行在首尔的街道上。另外，韩国馆外檐多是开放的户外空间，体现出城市之间相互融合的概念。

日本馆
Japan Pavilion
08级　谭四平

这是日本馆内一处很小的布景,用来描述日本的居住特色。朴素的日式小屋基本是以木材为主要材料,室内装饰很少,颜色简单大方。榻榻米是日本的室内装饰特色,其上的烧炉灶和一些茶具都体现着日本的茶文化。室外采用石块铺装成的庭院小景和石制的日式灯具,给人一种优雅、安静的感觉,别有诗意的风光。屋、院、花共同编织了一幅美丽的日式风情画。

越南馆
Vietnam Pavilion
08级　曲云龙

越南馆内采用竹子进行装饰,使人仿佛置身于竹林丛中。富丽堂皇的吊灯下,陈列着越南历史文物展品及竹制的民族乐器,让参观者体验越南悠久的历史文化以及在环境保护与城市发展方面的独特智慧。

柬埔寨馆
Cambodia Pavilion
08级　朱亚希

柬埔寨历史悠久，主要分为四个历史时期：前吴哥时期、吴哥时期、乌栋时期、金边时期。其中，吴哥时期的展示中，设计师巧妙的将吴哥窟的石雕、古树、盘桓的树根复制于馆内，给游客身临其境的感受。树根苍劲有力并充满肌理感，成为这个小展厅的亮点。我将这种沧桑、斑驳的感受通过绘画加以表达，也使游览者切身体会到了柬埔寨悠久的历史和浓厚的宗教文化。

缅甸馆
Myanmar Pavilion
08级　黎婵娟

进入缅甸展馆，首先映入眼帘的是亭台造型的大门，以及门前的小桥流水，使该馆呈现出鲜明的东南亚风情，展示了缅甸建筑艺术的独特魅力。馆内以神庙和传统建筑为主要设计元素，展现了缅甸美丽的风光、独特的风俗、丰富的资源、灿烂的文化。在展馆里精致的木雕花、藤制品、缀满亮片的沙笼，都深深吸引参观者。

马来西亚馆

Malaysia Pavilion

08级　马元

来到马来西亚馆，特别值得一提的是马来西亚馆内将布置小型高尔夫球场，虽然没有标准球场那样有辽阔的绿野和轻轻的流水，但是，参观者足可以在此体验到"推杆"的乐趣。此外，展馆内还将提供清香的马来西亚白咖啡和营养丰富的肉骨茶。而馆内最大的亮点当属展馆中央的舞台。世博会期间，这里每天都将有两场马来西亚特色的民族舞蹈表演，舞蹈集合了马来西亚47个民族的元素，每场表演预计可接待100名观众。让世界不仅了解马来西亚的物质文化，而且感受到其非物质文化的魅力。

印度尼西亚馆

Indonesia Pavilion

08级　冉行宽

印度尼西亚展馆用竹子作为主要建筑材料，体现"常夏之国"特有的建筑风格，数根竹子自顶部穿墙而出，地板上铺着利用建筑边料竹板嵌合而成的地板。馆内分4层，由一条600米长的通道贯穿，不仅展示印度尼西亚秀美的自然风光、人们朴实的生活状态，还通过各种视觉效果展现印度尼西亚的海洋生物与文化创意。

孟加拉馆

Bangladesh Pavilion
08级　张炫

孟加拉馆入口处采用色彩斑斓的孟加拉传统图案，引人入胜。馆内建筑设计极具孟加拉特色，小型雕塑、其新城区的图片与传统建筑模型互相映衬。在民俗风情墙上装饰有其民族特色图片，馆内的餐饮区提供地道的孟加拉国美食。多种品味的结合使孟加拉的文化通过多种角度表现出来。

印度馆

India Pavilion
07级　陈晨

展馆内的多媒体影片、歌舞、美食和特产等都体现了印度特色。其中，"时空隧道"以影像方式回顾古印度、中世纪印度和现代印度的城市变迁，阐述传统与现代的交汇既不同文化背景的城市与村居民间的和谐。

08级　许望舒

斯里兰卡馆
Sri Lanka Pavilion
08级　刘文敬

斯里兰卡举国信仰佛教，在其国家馆内，可以充分感受到这一点，展馆内的顶棚是由多幅五彩花纹的方形图案拼接而成，用传统的蜡染工艺制作，格外金碧辉煌；一棵用金箔打造出的菩提树叶，一座佛教白塔，以及一个可供拜佛的佛堂，都营造出浓浓的佛教文化气氛。

马尔代夫馆
Maldives Pavilion
08级　石婧

马尔代夫馆的展馆布置充满岛国特色，海水一样的地板给人扑面而来的清新感觉，各式展品琳琅满目，集中展示了当地的旅游资源和产品。展馆中央一座具有当地民居特色的小屋吸引了不少参观者，小屋用茅草搭建，屋内放有竹编椅子的旁边两名手工艺者席地而坐，现场演示用纯手工方式制作器皿和用天然染料上色，展现了马尔代夫人民的聪慧与勤劳。

阿富汗馆
Afghanistan Pavilion
08级　郝铁英

阿富汗馆的空间布局主次分明，有着强烈的构成感和视觉冲击力。馆内展示了富有阿富汗特色的手工艺品、纺织品、牧民帐篷、地毯、宝石和各种香料等，展现了阿富汗多元的文化特点和悠久的历史。

沙特阿拉伯馆
Saudi Arabia Pavilion
08级　刘正瑜

沙特阿拉伯展馆内设置了一条盘旋而上的步行通道，走到沙特馆的上层，参观者在此可以欣赏到世界上最大的三维电影，以全新的体验方式让人感受到沙特阿拉伯古老的文明，在中东悠扬独特的背景音乐下，其浓郁的伊斯兰风情和现代的高科技手段将人们带入一个奇幻的世界。

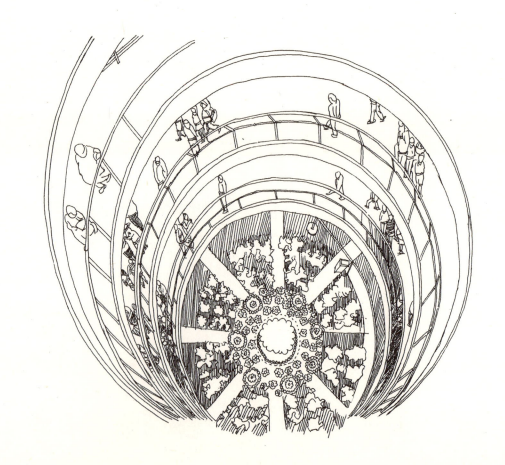

阿联酋馆

UAE Pavilion

08级　王家宁

展馆内由五部分组成。其中在馆内播放的宽银幕短评片"一眨眼的瞬间",重点反映阿联酋建国以来人民生活水平和城市居住环境的惊人变化。走进气势恢弘的沙丘,尽情俯瞰美妙的绿洲,领略阿联酋的特色风光。

也门馆

Yemen Pavilion

08级　王伟

也门馆展示的主题为"艺术与文明"。馆内阿拉伯传统建筑风格的街道场景、各式各样的手工艺品和地方食品以及配合沿街叫卖的小商贩,再现了也门繁荣的市集景象。

以色列馆
Israel Pavilion
08级　郭晓虹

展区中有"低语花园"、"光之厅"、"创新厅"三大体验区。"低语花园"安逸宁静，环境宜人，是与自然对话的佳地。"光之厅"象征着科技、透明、轻盈和未来，展示以色列的文化和风光。天然石块搭建的"创新厅"，寓意着与地球、历史的关联，是展馆的精妙之处：漂浮在三维空间里的光球，360°呈现视听盛宴，介绍以色列一系列旨在多方面改善生活的科技创新成果。

约旦馆
Jordan Pavilion
08级　李启凡

展馆通过一系列展品讲述着古老文明的魅力以及现代化的发展，诠释着"解读了人、城市、自然和生活之间的和谐之道"的主题。展馆的入口处模拟古城佩特拉的建筑风格。馆内展示了气势恢宏的历史遗迹——卡兹尼宝库，一座有着浓郁希腊特色的壮丽建筑，使人们置身其中感到震撼。馆内还展示了约旦城市亚喀巴从港口城市转变为商务和休闲之城的过程，以及其他城市的生活方式。

乌兹别克斯坦馆
Uzbekistan Pavilion
08级　刘爽

展馆入口处由许多青绿色的正方形图案组成，并镶嵌着八角形的民族装饰。展馆展示分为"奔向未来的城市"、"古老又永远年轻的塔什干"、"追求进步和创新的城市"、"和谐的城市、和谐的乡村"、"既传统又现代的乌兹别克斯坦生活方式"以及"乌兹别克斯坦是一个有巨大潜力的旅游胜地"六个部分。

土耳其馆
Turkey Pavilion
08级　段雯

土耳其是一个北临黑海，南临地中海，西邻爱琴海的浪漫国家，场馆内部顶棚呈现给人们的是海浪翻滚，线条流畅的视觉感受。设置在出口处的小卖场以它独特的魅力挽留了即将离去的人们。人们走在这样的小屋子里无不觉得心旷神怡，久久不舍离去。

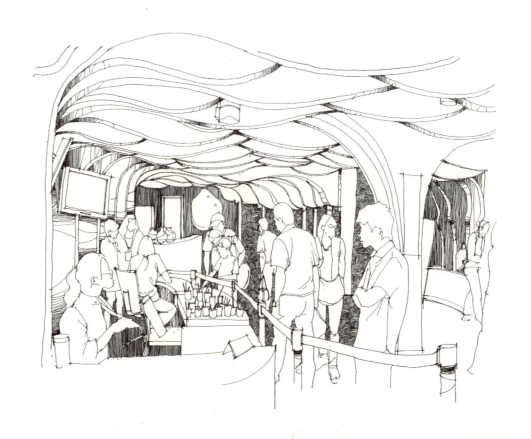

土库曼斯坦馆
Turkmenistan Pavilion
08级　刘正瑜

展馆内部以棕黄色与浅灰色为主进行空间配色，以"城市让生活更美好"、"石油延续城市梦想"为主题，通过实物及多媒体等形式展现新时代的土库曼斯坦的风土人情及地理风貌。

阿拉伯国家联盟馆
Arab States Pavilion
08级　王亚南

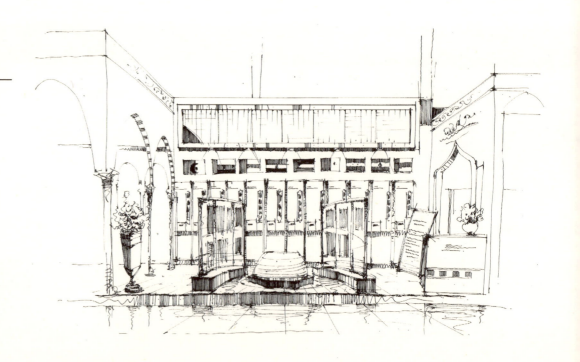

阿拉伯国家联盟馆的室内设施和装饰风格呈现了阿拉伯的独特风貌，将阿拉伯古老和现代的城市生活风貌以及阿拉伯人民对未来的憧憬呈现在了我们眼前。展馆展示着文化、建筑、生活方式、自然资源以及经济贸易等方面的多样化，描述22个古老城市演变为现代化城市的历程，给人一种时间旅行的意境，让人在视觉的引导下了解阿拉伯文化的起源和发展。

东南亚国家联盟
ASEAN Pavilion
08级　张成

东南亚国家联盟馆的主题是"理想、身份、社区"，展馆的设计灵感主要来自东南亚地区蜿蜒美丽的海岸线。展示内容围绕主题，阐释了东南亚国家寻求和谐社会生活的共同理想。

室内景观 | 美洲国家馆
Interior Landscape | America Pavilions

加拿大馆
Canada Pavilion
08级　肖瑶

加拿大馆室内比其外观要丰富得多，大量高端科技的应用，使游客与建筑产生了互动。馆内空间层次丰富多变，视野开阔，让人在参观时不觉得疲惫。同时，热情、帅气、靓丽的年轻接待员为加拿大馆增色不少。此外，游客还可观看到富有创意的节目。

美国馆
USA Pavilion
08级　龚杏花

美国馆主题是"拥抱挑战"。展示美国是一个充满机遇和多元文化的社会，人们聚集在这里致力于使他们的社区变得更美好。展馆外观犹如一只展翅的雄鹰，欢迎远道而来的客人。屋顶花园、瀑布外墙成为外观的亮点。展馆是未来美国城市的缩影，通过多维模式和高科技手段，引领参观者在四个独特的展示空间踏上一段虚拟的美国之旅，讲述了坚持不懈、创新的美国精神。

危地马拉馆
Guatemala Pavilion
08级　朱亚希

展馆着眼于危地马拉的悠久文化，让参观者深刻感受其文化的多样性。古城墙、古遗迹和图腾柱，一层层叠起的感觉让我联想到了埃及的金字塔。馆内通过对民族乐器、服装和绘画等艺术作品的展示，营造了浓厚的艺术氛围。主要表现了前面乐器和后面建筑的空间疏密关系。

洪都拉斯馆
Honduras Pavilion
08级　冉行宽

洪都拉斯馆位于中南美洲联合馆内。展馆以本国著名的科潘玛雅遗址文化为主要设计元素，正门两根石柱仿科潘遗址人头石像的造型，其正中，是一仿制的红色玛雅神庙，上有神秘的玛雅花纹和浮雕图案。馆内地面以绿色和蓝色分割，寓意洪都拉斯人民依水而居。在棕榈树的掩映下，展馆内壁呈现各种介绍洪都拉斯风土人情的图片，使参观者能深入了解这个美丽国度的同时体现出场馆"促进出口，缔造美好明天"的主题。

尼加拉瓜馆
Nicaragua Pavilion
08级　曲云龙

尼加拉瓜馆位于南美洲联合馆内。尼加拉瓜馆将其国家中极具特色的"湖泊和火山"景观作为设计出发点。走进尼加拉瓜馆内，倾泻而下的"瀑布"、参天的乔木、茵茵的绿草、平静的"湖泊"、轻轻摇荡的吊床——呈现在眼前。通过对保护完好的自然生态的展示，反映出尼加拉瓜人对大自然的热爱和感恩，很好地诠释了人与自然和谐相处的主题。

巴哈马馆
Bahamas Pavilion
08级　张炫

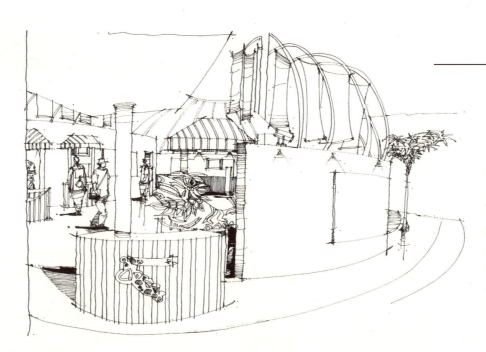

馆内，两艘五彩斑斓的单桅纵帆船沿对角线陈列，两船之间的中央区域地面上绘有巴哈马地图，船尾由敞开式的长廊相连，生动展现了巴哈马海洋运输的历史。展馆通过全方位展示方式，充分演绎了巴哈马自然风貌、人文习俗以及城市的发展演变。

多米尼克馆
Dominica Pavilion
08级　郝铁英

展馆内部充满了诗情画意的异域风情：茅草小屋、小桥、细长的小河道、各种植物，颇有多米尼克的韵味，具有浪漫主义色彩，画意无穷。

多米尼加馆
Dominican Republic Pavilion
08级　王霄君

展馆运用图片、宣传资料等多种方式展示多米尼加共和国各种手工艺品和特产，该国旅游业的发展和文明成果，饱含智慧的热带生活方式等，让参观者从不同角度了解多米尼加。

圣卢西亚馆
Saint Lucia Pavilion
08级　黎婵娟

圣卢西亚馆室内构思十分巧妙，两座尖顶的亭子配以海岛风光的大幅图片，让人有身临其境的感受，展馆内通过图片、视频等方式讲述圣卢西亚城市发展的历程，阐明其城市化进程与旅游业发展之间的互动。颜色简单大方，贴近大自然。柜台里陈列的各种特产也为圣卢西亚的室内设计增添了色彩。

08级　黄俊

圣文森特馆
St. Vincent Pavilion
08级 纪川

圣文森特和格林纳丁斯馆位于C片区，旅游业是圣文森特和格林纳丁斯的主要经济支柱，岛上土壤肥沃，溪流满布。步入馆内，就感觉到浓郁的欧式浪漫。馆内模仿18世纪传统砖瓦建筑，融入了大量热带风情的艺术元素，仿鹅卵石地面和仿真热带植物让人有置身丛林般的感觉！该馆通过画廊多媒体视频等多种模式展示了圣文森特和格林纳丁斯的丰富自然资源和旅游资源，让参观者深刻的体会到了该国的热带风情和自然气息。

巴巴多斯馆
Barbados Pavilion
08级 陈聪

巴巴多斯展馆通过实物、模型、图片、影片等多种手段展现巴巴多斯独特的海岛自然风貌，展示其蓬勃发展的经济和文化。有"阳光富翁"之称的巴巴多斯，把阳光作为世博会上重要的展示内容。巴巴多斯展示其最受欢迎的旅游项目滑板冲浪、潜艇游海底，让人对巴巴多斯的美景心生向往，同时参观者可以亲身体验巴巴多斯作为世界闻名的"甘蔗之国"的别样风情。

格林纳达馆

Grenada Pavilion
08级　张炫

格林纳达馆主题为"城乡互动"，展馆造型蜿蜒，形成天然观景长廊。馆内展示格林纳达城市发展的历史进程，讲述全球化背景下的小型岛国在保护乡村传统和城乡互动的宝贵经验。

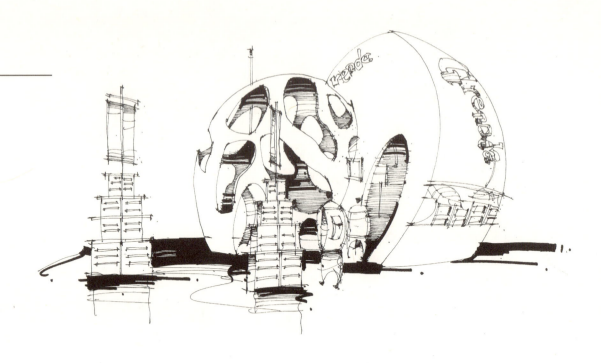

委内瑞拉馆

Venezuela Pavilion
08级　李志昊

委内瑞拉馆最大的特色在于室内外的贯通与联系，内外没有明显的分界线，参观者可能会惊奇地发现自己前一分钟还在室内，过了转角或楼梯就已身处室外。3层楼高的音乐厅是模仿叶库阿纳族人的传统公共生活区，顶部的半球体象征着苍穹，中心的立柱则代表了世界的核心及生命之树。

圭亚那馆

Guyana Pavilion

08级　李启凡

圭亚那馆主题是"共同的人类、共同的国度、共同的使命"。展馆分成"时光隧道"、"圭亚那的自然财富"和"帮助圭亚那走向现代化"等展区。"时光隧道"展示了圭亚那丰富的文化遗产，通过影像资料再现了圭亚那人民的生活状况和在发展中所取得的成就。著名的伊沃库拉马吊桥是"圭亚那自然财富"展区的亮点，该吊桥被誉为圭亚那献给世界的礼物，行走在模拟的吊桥上，可以感受雨林和野外生活的魅力，令人有身临其境之感。

苏里南馆

Suriname Pavilion

08级　孙玲

苏里南馆的外形为带有历史印记的屋舍和庭院，凸显浓郁的民族风情。展馆内展示了古老原始的亚马孙雨林、图腾柱和"黄金国王 El Dorado"展区，以多媒体、实物等形式呈现苏里南灿烂的文化艺术、优美的自然环境和历史悠久的城市生活。图腾柱由苏里南杰出的艺术家雕刻喷涂而成，工艺精湛而富于民族特色。展馆庭院内有一条小溪，在小溪的尽头，黄金国王 El Dorado 雕像置于其中——没有人真的见过 El Dorado，但传说中的金矿却真实存在，雕像右侧的视频则讲述这段传奇的故事。

秘鲁馆

Peru Pavilion

08级　龚杏花

展馆内主要以"民以食为天"的主题，展现秘鲁对世界饮食的贡献以及丰富多样的烹饪传统，体现出秘鲁美食在促进秘鲁城市多元文化和国家对外交流中具有重要的作用。同时以视频、图片等多种展示方式，介绍著名的历史文化遗产，反映城市从古至今的演变，领略秘鲁的神奇魅力。

智利馆

Chile Pavilion

08级　刘正瑜

智利国土狭长如丝带，所以选择由钢结构和玻璃墙构成的"纽带"作为国家馆创意来源。从空中俯视展馆是不规则波浪起伏状，形如"水晶杯"。智利生产的红酒举世闻名，在智利展馆内，设计了超大的柱形酒柜，陈列了由智利46个酒庄出产的139种葡萄酒，非常醒目。

巴拉圭馆

Paraguay Pavilion

08级　石婧

巴拉圭以"绿色能源"为主题，用蓝色的吊顶，正方形的吊灯和墙壁上的星形灯打造了一个纯净的、星空一样梦幻的场馆。绿色的能源，天然的环境，屏幕墙展示着巴拉圭独特的民族风情。在门厅的舞台上，经常表演巴拉圭民族特色的节目。巴拉圭人民能歌善舞，擅长运动，他们以自己的方式创造和谐美好的世界。

乌拉圭馆

Uruguay Pavilion

08级 张炫

乌拉圭馆主题为"品质生活,城市诺言"。展馆表现了乌拉圭的生态主义以及对为了实现经济和人文可持续发展的不懈追求。展馆犹如一个环绕在迷人景色之中的城市广场,令人们享受着都市和乡村生活的宁静与美妙。

加勒比共同体组织馆主题为"不同岛屿 不同体验",展馆设计简洁规整,外沿的一抹蓝色,让人联想起加勒比海的美丽景色。整个展馆的布局十分巧妙、别致,展示了加勒比共同体组织15成员国独特的自然风光和经济成就。

加勒比共同体组织馆
Caribbean Community Pavilion
07级　吴建中

室内景观 | 非洲国家馆
Interior Landscape | Africia Pavilions

Part 2

摩洛哥馆
Morocco Pavilion
08级　杨晨音

摩洛哥馆旨在通过展示摩洛哥城市的历史，让人们认识并了解摩洛哥人民的生活艺术。展馆线条简洁明快，被设计成一件艺术作品，展现给世人一座充满智慧和创新精神的建筑。展馆的建材选择强调舒适感，同时运用了先进的音响，隔声、隔热和生态环保等技术，体现以人为本的精神。

毛里塔尼亚馆

Mauritania Pavilion

08级　曲云龙

毛里塔尼亚馆位于非洲联合馆内，展馆以"毛里塔尼亚古老城市与现代城市间的对立统一"为主题。展馆展示了"古城印记"和"都市印象"两种城市的形象，既有沙漠区传统的哈伊玛（帐篷），又有河岸地区的茅屋，充满沙漠古城建筑氛围，向游客呈现了兼具阿拉伯文明和非洲本土文明双重属性的毛里塔尼亚文明。

08级　刘爽

塞内加尔馆

Senegal Pavilion

08级　张伟建

展馆内，摆设了塞内加尔已实施的系列工程项目的照片。参观者可以了解当地铁路、公路、高速公路、港口、机场、水坝或桥梁等发展情况，以及在此基础上形成的开放且充满活力的市场，展现塞内加尔作为西非经济货币联盟中第一投资中心的地位，并将为私人投资创造国际级商贸环境的远景。

冈比亚馆

Gambia Pavilion

08级　李志昊

冈比亚馆内分"自然生活"和"城市生活"两个展区，用蓝色海水、帆船、沙滩椅和遮阳伞等元素让参观者充分感受非洲的热情与阳光海岸的魅力，向参观者展示了为实现2020年建设一个城市国家的远景目标而进行的基础设施建设，展现冈比亚人与自然和谐共处的关系。

马里馆
Mali Pavilion
08级　石东京

整个展馆划分为"艺术瑰宝"、"文化"等展区。内部撷取土壤、森林、尼日尔河的颜色为主色，聚集富有马里文化特色的图腾艺术品，再现历史悠久的马里建筑群，展示了马里在饮食文化、艺术、军工业、旅游资源等方面的不同特色，以及马里人民的亲善好客。

利比里亚馆
Liberia Pavilion
08级　韩予

利比里亚馆通过表现政府的努力和人民的奋斗，向世界展示利比里亚百业待兴的面貌，重归和平之路的喜悦，以及对美好未来的展望。展馆以"水"作为贯穿始终的展示元素，分"非洲雨都"、"人民生活"和"女性力量"三个展区，以"山形水感"表现出一个地理位置独特、自然环境优美、人民勤劳智慧的利比里亚。

科特迪瓦馆
Côte d'Ivoire Pavilion
08级　王亚南

展馆分"传统"、"经济"、"环境"三个展区，以国旗上的"橙、白、绿"为空间主色。展区入口设计来源于科特迪瓦著名的"象牙海湾"，展区内如蘑菇般的房屋形状充满童趣，营造出一个充满幻想的空间。展馆内部五组以木栏部族民居为原型的展区设计，呈现一个时尚而又不失传统部族特色的科特迪瓦，以此引出：多文化背景下科特迪瓦如何保持对文化和谐的思考，及其经济全球化背景下如何保持对民族特性的见解。

加纳馆
Ghana Pavilion
08级　郝铁英

展馆以"花园城市"为主题，将环境视为人类生存的核心生命支持体系，在发展经济、提高人民生活水平的同时，期待人们能过正确使用资源，确保环境的平衡发展。展区介绍了加纳的工业发展、具有西非城市特色的度假胜地、民族服装、布艺、草药、城市发展环境、社会的平衡发展、资源的合理利用、城市建设的新方式等，多方面的呈现出一个传统的加纳以及它为建设理想中的花园城市所作出的努力。

多哥馆
Togo Pavilion
08级　黄梦雅

多哥展馆分三个展区，各个展区由环形走廊连接，展馆借助墙上的图片，同时伴随着多哥艺术家创作的美妙背景音乐，重点展示首都洛美的发展与变迁，以及城市的繁荣的经验，用实例来展现对"城市经济繁荣"主题的理解。

尼日尔馆
Niger Pavilion
08级　李启凡

展馆通过城市政策、城市经济和城市形态三方面展示尼日尔的城市发展理念。整个展馆充满尼日尔的气息，"城市脉搏"、"文化精品"和"活力生活"三个展区可以让参观者经历一次难忘的尼日尔之旅。沿"城市脉搏"，将一路看到尼日尔的城市形态、城市资源和城市居民，诉说着尼日尔城市化的进程。"文化精品"区以蓝色图腾装饰着白色墙面，纯净而神圣，呈现了当地民居的特色。

埃塞俄比亚馆
Ethiopia Pavilion
08级 王家宁

位于非洲联合馆内,参展主题是"城市的综合遗产——埃塞俄比亚经验"。展馆建筑通过漫漫黄沙,砖土泥墙,强烈的非洲元素和图案设计,为参观者勾勒出自然而具有多样性的风貌,象征着古老而充满生机的非洲大陆。展馆有三个主要展区:"哈勒尔古城"、"咖啡的故事"、"八个世界遗产",展示了埃塞俄比亚的古代文明、智慧精华和城市文明的进程,以及如何用包容的态度来保护文化传统和遗迹,应对城市化的挑战。

吉布提馆
Djibouti Pavilion
08级 段雯

质朴和醇厚的民族风味仿佛成了现代流行元素的主导,传统的布艺,单纯的纹样,朴素的元素中张扬了所有的个性。同时,这种东西也传承了吉布提的文化,是现代简约风效仿不来的。

肯尼亚馆
Kenya Pavilion
08级　刘爽

展馆分"'村寨'WANYATTA"、"国家公园"、"新城内罗毕"、"老城拉穆"四个展区，运用了壁画、音乐和舞蹈元素，在蔚蓝的天空、雄伟的高山等图片背景映衬下，凸显了肯尼亚独特的城市个性，表现肯尼亚城市与自然之间的和谐平衡，并求解城市发展中所遇到的难题。

乌干达馆
Uganda Pavilion
08级　朱亚希

乌干达馆的主题是"乌干达城市化理念与实践"，展馆通过三个展区的精彩诠释，突出了乌干达基于文化和宗教的包容、环境的可持续发展以及平等的和谐社会等特色。展馆图案设计具有鲜明的非洲元素和象征意义，例如葱郁的大树，象征强大坚韧的生命力，繁茂的大树向着辽阔的天空自由生长，象征着非洲必将造就一个充满希望和机遇的大陆等。

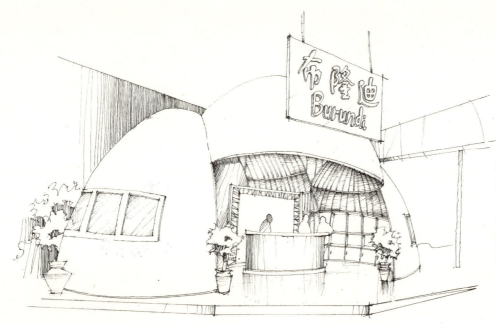

布隆迪馆
Burundi Pavilion

08级　陈聪

大部分位于东非大裂谷的布隆迪素有"山国"之称，本次世博会为我们带来了他们灿烂的文化和城市理念。该馆在非洲联合馆内，其奇特的茅草屋外形深深打动了我，我用短线条刻画茅草的肌理效果，并在细节部分大胆的突出其奇特外形。

刚果（金）馆
Congo (D. R.) Pavilion

08级　肖梦薇

刚果馆，内部装饰粗犷、原始，整体色彩明艳大胆，具有浓郁的非洲特色，呈现了刚果（金）最"本色"的魅力，营造出了刚果（金）原始、自然的生活风貌与自然人文环境。

赞比亚馆

Zambia Pavilion

08级　张伟建

进入展馆，雄伟壮观的维多利亚大瀑布的巨幅图片出现在游客眼前，表现赞比亚的赞比西河精神。城镇广场，一个大型的中央显示屏上展现的是卢萨卡城市模型。周围有四个不同的建筑：红砖建筑住宅、简单的住宅群、商业住宅和摩天大楼。广场的外墙上展示卢萨卡的四个关键工程：工业园区、简陋城镇的改进、交通疏通和水资源管理。

马达加斯加馆

Madagascar Pavilion

08级　王伟

展馆致力于展现马达加斯加文化及其城市和周边乡村生活的现代化水平。踏入展馆，游客将首先感受到马达加斯加独特的景观、气候以及浓缩的文化环境等。马达加斯加馆的大屏幕将播放关于该国国家理念的影片。展区内还将展示马达加斯加独特的丝绸加工工艺，游客还可在馆内体验马达加斯加乡村和城市的双重生活。

毛里求斯馆
Mauritius Pavilion
08级　张成

毛里求斯馆主题是"岛国城邦"，展馆内被蓝色包围，岛屿、木屋、棕榈树勾画出一派岛国城邦的旖旎风光。馆内分为两个展区："五彩纷呈的岛屿"和"传统房屋"，并围绕多元文化的融合、经济的繁荣、城市空间新型整体格局和科技创新四个副主题，展示其对历史遗产的继承及对不同文化的融合而形成的国家新面貌。

纳米比亚馆
Namibia Pavilion
08级　谭四平

展馆入口处是一座令人印象深刻的大象岩，侧面矗立着一棵高大的猴面包树。展馆围绕探索、发现和梦想三个副主题，演绎了纳米比亚的传统生活方式、城市社区的重塑、自然和野生动物保护等方面的成就，呈现出一个绚丽斑斓的纳米比亚。展馆出口处以石材为主，这样使得人们感觉更加的贴近自然。彩色的陶碗展示，独具特色的草棚都体现着纳米比亚浓郁的人文风情。

非洲联合馆
Africa Union Pavilion
08级　付名

非洲联合馆内由布隆迪、多哥、厄立特里亚等43个国家再加上一个公共展演区域组成。馆内展示了许多来自非洲本土的艺术品，其空间色彩、图案、功能的设计以及互动项目和展演都充分呈现出浓厚的非洲文化。非洲联合馆正是用其最原始的、最接近大自然的、最能打动人心的景观让参观者在展厅中找到非洲大陆的神秘魅力。

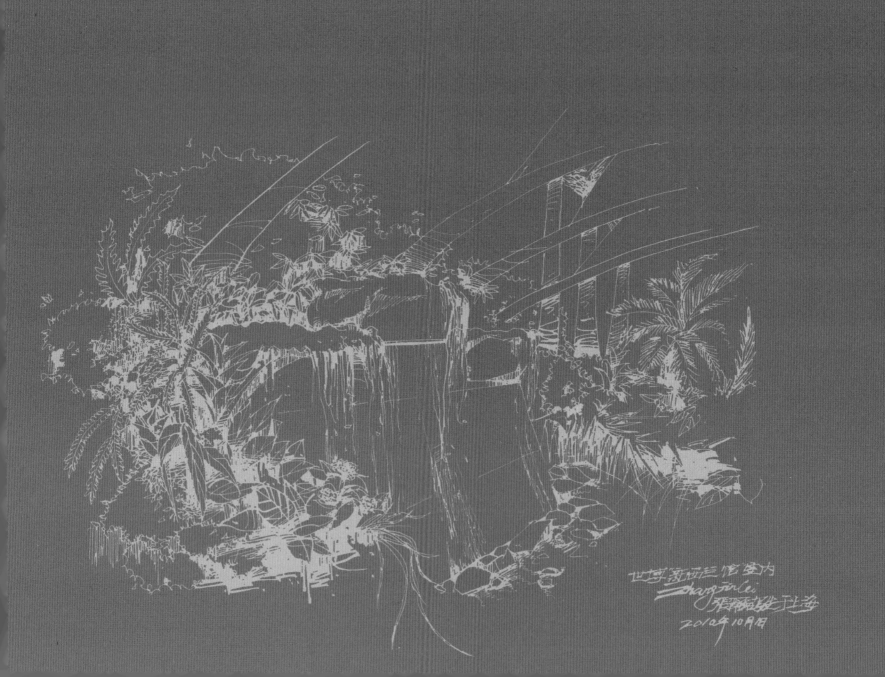

室内景观 | 大洋洲国家馆
Interior Landscape | Oceania Pavilions

澳大利亚馆
Australia Pavilion
07级　吴建中

展馆内设置"旅行"、"发现"和"畅想"三个引人入胜的活动区，讲述这片神奇国土上的奇异物种、丰富文化和宜居城市。来自澳大利亚的美食和葡萄酒以及每天丰富多彩的节目带给游客特别的感受。

新西兰馆
New Zealand Pavilion
08级　张晋磊

新西兰馆的主题是"自然之城：生活在天与地之间"，新西兰馆的屋顶是展馆的一大亮点，它是一座名副其实的植物园，布满新西兰特有及擅长栽种的植物、花卉、水果和农产品。新西兰展馆创意取材于毛利族的古老传说，通过建筑构造和各种展览重现新西兰的古老神话，注重交互式体验，领略新西兰的多元文化与城市生活，展示人类城市与自然环境相生相悦的场景。

太平洋联合馆
Pacific Pavilion

08级　王雁飞

太平洋联合馆由14个太平洋国家和2个国际组织共同参展。室内大厅采用简洁的钢结构，而16个参展方通过16个编织的环状木质"单帆"，分别展示太平洋岛国美丽神奇的自然景观、独具特色的人文环境和热情奔放的民俗风情。

室内景观 | 企业/国际组织/案例馆
Interior Landscape | Enterprise, International Organization & Case Pavilions

Part 2

人保馆
PICC Pavilion
08级　段雯

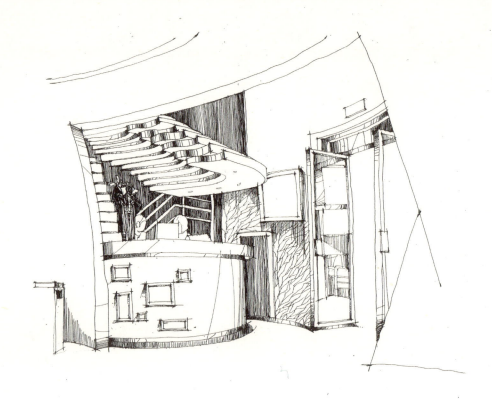

中国人保是一个充满爱的场馆，虽然放映厅的灾难图片个个触目惊心，但是入口处温馨的设计却让人觉得充满希望和温暖。柔美的线条、柔和的灯光更是让人感觉一丝温馨流入心田。

上汽集团——通用汽车馆
SAIC-GM Pavilion
08级　唐建娇

通用汽车馆内部设计是运用全球首创的尖端视觉与动态体验，使观众感受穿梭在未来城市与自然的刺激动感之中，直达一个没有交通阻塞、空气污染和交通事故的2030年。参观者将亲身体验未来的汽车与城市交通系统，畅游于触手可及的汽车生活画卷中。

太空家园馆
Space Pavilion
08级　李启凡

馆内分为序馆、剧场和场景，主要围绕"天、地、人"的理念展开，展现航天技术发展对人类的贡献，以及绿色、安全、智能化的未来家园。序馆名为"梦想起源"，相关精彩展示引发参观者对"太空家园馆"的无限期待。参观者可"亲历"人类太空探索之梦的实践过程。

远大馆
Broad Pavilion
08级　王家宁

远大馆展区引入"金木水火土"五行空间，展现可持续建筑对生命的关注、对环境的保护。参观者先由盘道进入，在4米的高空观看地面演出，再进入建筑主体，观看远大历史技术等背景介绍。特别是在地震科技体验馆，体验汶川地震现场断壁残垣的场景，不失为加深对地震了解、表达对震区同胞悼念的一种方式。

中国船舶馆
Chinese Shipbuilding Pavilion
08级　石婧

中国船舶馆应用了最新的环保技术、智能化灯光以及先进的多媒体视觉技术，形成绿色环保展示环境，以此让参观者体验未来水域城市生活的美景以及人与船舶、人与城市的紧密关系，同时体现中国造船工业发展前景。展馆还设置了观景斜廊，增添了丰富的景致。

石油馆
Oil Pavilion
08级　张文婷

石油馆主题为"石油，延伸城市梦想"，展馆建筑被喻为"油立方"，外表装饰着管状编织图案，仿佛是交错编织的油气管道，极富行业特色和时代感。表皮材料为大面积异形PC板组合LED精细成像，在夜幕下显得流光溢彩，晶莹剔透。

联合国联合馆
UN Pavilion
08级　刘爽

联合馆室内分别展现各个成员国家的风俗文化特点，以及联合国活动宗旨，主要向大家倡导"一个地球，一个联合国"的理念。在通过画面表现联合国馆的同时也使自己感受到作为世界的一部分应有的责任感。

世界贸易中心协会馆
WTCA Pavilion
08级　王伟

世界贸易中心协会馆主题为"透过贸易促进和平与稳定"。建筑设计灵感源于中国哲学的"天圆地方"和"八卦"，展馆外部由天蓝渐变至青绿色，使参观者充分地感到自然的和谐。

国际红十字与红新月馆
International Red Cross & Red Crescent Pavilion
08级　于瑞

展馆内分为"黑色记忆"、"人道之光"、"行动你我"三个主要展示区域，展示人类遭遇过的一系列重大战争与灾难，以及国际红十字与红新月运动在减轻人类的苦难等方面所作出的不懈努力。尤其是展馆入口造型，它的创意来自帐篷这一自然灾害中最常见的人道救援物资，营造了一种"在现场"、"在行动"的真实感。

上海合作组织馆
Shanghai Cooperate Joint Pavilion
08级　李椿生

上海合作组织馆的场馆主题是"和谐世界，从邻开始"。其展馆位于国际组织联合馆内，展馆以欧式造型嵌入中式主题对联的形式，演绎了场馆主题。馆内四周及穹顶画面以朝阳霞光铺衬，整体感强，气势宏大，预示上海合作组织如朝阳般光芒绽放，蒸蒸日上，前景广阔。馆内仿造了上海合作组织成立的纪念地——上海西郊宾馆逸兴亭。长11.1米的金色地面，用艺术浮雕铭刻着1996~2010年上海合作组织大事记及成员国版图。

全球环境基金馆
Global Environment Fandation Pavilion

08级　许望舒

全球环境基金馆的主题为"投资有利于环境的技术",倡导通过应用有益于自然生态的技术,改善空气质量,净化城市环境,让市民享受更好、更健康的生活。展馆以绿色为主色调,设计简洁精致,凸显了它绿色环保的主题。

世界自然基金会馆
WWF Pavilion

08级　石东京

世界自然基金会位于国际组织联合馆内,围墙上布满了世界上稀有动物,呼吁人们保护环境,保护动植物。世界自然基金会是在全球享有盛誉的独立非政府环境保护组织之一。自1961年成立以来,一直致力于环保事业。展厅以中国"太极图"的形式来布局,展示世界自然基金会在全球近50年来的保护成果,并着重推广气候变化背景下河流、港湾和城市间持续发展的理念。展厅内采用多种现代化互动装置来呈现气候变化的前因后果。

罗阿案例馆
Rhone-Alpes Case Pavilion
08级　龚杏花

罗阿案例馆以"城市环境下的生态能源和可持续家园"为主题，总建筑面积达 3500 平方米。该馆的生态建筑理念，主要体现在生活空间的利用和质量及建筑的节能效率两个方面。在罗阿大区馆正前方的广场上建有一个 670 平方米的玫瑰园，向参观者展示法国最美的古典玫瑰和现代玫瑰，成为场馆的一大亮点。罗阿大区馆的顶层既是厨艺学校，也是一家可同时容纳 150~200 人就餐的法国餐厅，参观者可以在此尽情品尝地道的法国美食。

马德里案例馆
Madrid Case Pavilion
08级 王伟

马德里馆展示主题为"马德里是你家",以"竹屋"和"空气树"为题材,展示了可再生资源、新型环保材料、先进的生态技术以及高效的建造流程在马德里建筑建设中的广泛应用。

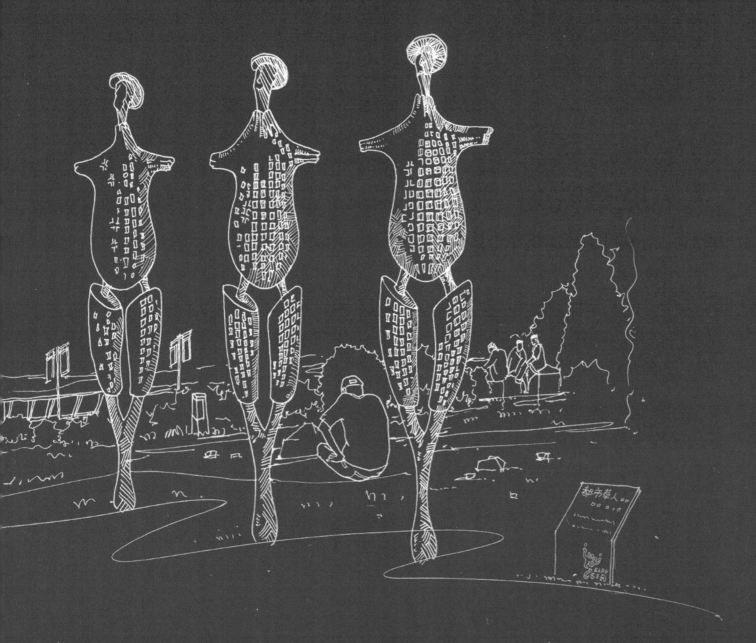

2010上海世博《都市草人》雕塑

公共景观
Public Landscape

景观雕塑、公共设施
Sculpture & Public Facilities

2010上海

2010 ShangHai
07级　李倩

缠绕生长的钢结构，表现了自身力学构造的美学特质。所用材料为经过防腐处理过的锈板，斑驳的表面如同上海历经的沧桑，传达出一种坚韧刚直的精神。

志愿者之心

Volunteers' Heart
07级　林凤

这是一条连接人与人之间的纽带，是传递爱心的纽带，是"城市有我更可爱"的志愿者情结，它传承着中华民族团结友爱、助人为乐的传统美德。熠熠生辉的彩色丝带构成了蓬勃欲飞的造型，是汉字的"心"，也是Volunteer的"V"，更是志愿者们飞翔的心愿。大小不一的孔洞，排列有序，构成了一个严密的组织网络，拉近了世界的距离，传递了上海世博志愿者的爱心——飞翔的心愿。

和和谐谐

Hehe Xiexie
08级　王伟

雕塑《和和谐谐》是位于世博轴两旁的一对不锈钢熊猫雕塑，名字来源于"大和平，大和谐"，由艺术家张洹创作。作品象征着和谐社会，和谐世界，着重表现人类永久的爱，以及大自然永久的美丽。

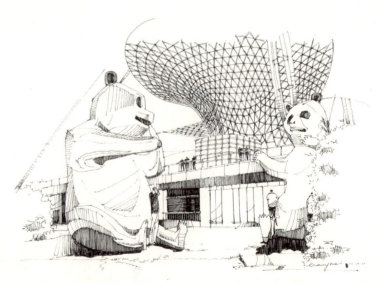

都市草人
Urban Scarecrow
08级　刘爽

《都市草人》作品将乡村田园的场景移入繁华现代的都市中，草人的造型也随之转变为工业化、秩序化的金属外观。材料上的现代感与造型上井然有序的结构感更加贴近现代都市的生活理念与审美倾向。

城市人在城市中的生活像坐过山车，拥挤、喧闹、刺激、紧张。伴随着飞速变化的图像和信息、高耸的摩天楼、错综复杂的高速公路，组成了繁忙躁动的城市意象。

城市意象
City Image
08级　杨珂

飞檐
Eaves
08级　李启凡

"飞檐"是中国传统建筑中最富有想象性的建筑符号，常出现在亭、台、楼、阁、宫殿、庙宇等建筑的屋檐、屋角处。四角翘伸，形如飞鸟展翅，轻盈活泼，所以也常被称为飞檐翘角。

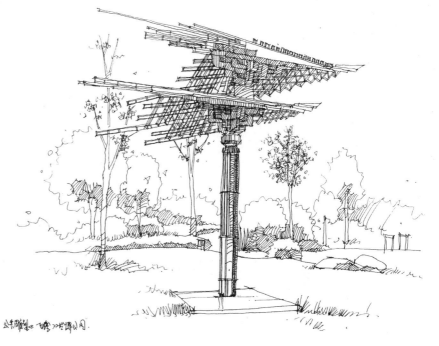

座千峰
Seats of Thousand Hills
08级　纪川

一座千峰雕塑位于世博轴雕塑艺术长廊中，踏入场内便是宽敞的草地，一个个灰白色的"砂石"，强调绿与白的节奏感，石雕纹路柔和，亦显现出丝织般滑润，外围网格状钢架与场内环境形成反差。人们可以在这个场所中休息交流，享受安逸之感。

汉葵
Sunflowers
07级　刘彦欣

《汉葵》演绎的是人与自然，城市与其孕育的周遭相互依存的话题。作品将葵的造型元素与其生命的精神有机地揉为一体，转化为以铸造工艺为基础的表现语言，将葵由掌中之物塑造成顶立天地的建筑意象，并呈现出一道让城市与江流相融相生的诗化图景。

壶
Pot
08级　李启凡

艺术家采用烧结砖进行创作，作品基于容器本身的形式，用最普通的建筑材料构成。作者的灵感来源于模块化建筑和自然景观，用大自然的泥土夯实，堆砌出粗犷奔放的器皿形体，将其放大成为景观雕塑，表达了人与自然和谐相处的理念。

黄与绿
Yellow and Green
08级　段雯

很多不起眼的东西，放大若干倍以后通常都会令人感到震撼。在众多的写实性的雕塑中，这些跳跃性的、个性的点缀，渐渐映入眼帘，成为社会的一种时尚文化景观。简单的创意，强烈的视觉冲击，是情理之中意料之外的收获。

活力之城
Active City
08级　黄梦雅

金属圆构件是现代城市生活中最为基本的视觉元素，这个用镜面不锈钢组合成的圆结构，以抽象的节律性的空间组合，唱出了一曲"圆"的视觉舞曲。现代城市是由许多元素构成的，而这些元素之间又是和谐的。

掘出来的梦
Dig out from Dreams
08级　肖梦薇

这件装置作品，将上海不同时期的旧器物埋进一个"考古现场"，在这些极富年代感的旧物件上积淀着许多历史的信息、历史的印记、历史的故事，能唤起我们许许多多似曾相识的美好记忆。它是数代上海人用心寻找美好城市生活、努力把城市推向现代化的印迹，无声地叙述着上海这座城市"让生活更美好的"的岁月历程。

石语
Stone Whisper
08级　杨晨音

雕塑的外表形状呈现为一根长圆柱，好似从绿色的草地里破土而出，表面有着许多大小不一、被压扁了的圆形，这些圆形渐渐恢复成了圆的形状，像镜子一样光亮，反射出柱子周围的环境和辽阔的天空。整件作品象征了城市发展所带来的光辉灿烂的未来。

竹林七贤
Seven Sages in Bamboo Forest
08级　刘馨月

"竹林七贤"是中国魏晋时期七位名士（嵇康、阮籍、山涛、向秀、刘伶、王戎及阮咸）的合称，成名年代比"建安七子"晚一些。七人的政治思想和生活态度不同于建安七子，他们大都"弃经典而尚老庄，蔑礼法而崇放达"。其中，嵇康的成就最高。

无限柱
Endless Pole
08级　黎婵娟

《无限柱》其作品体积有比人更大、也有跟人一般大的，用铜或聚氨酯铸造而成。"无限柱"是一幅表现东方美学传达方式的作品，作品改变并颠覆常规经验，由十个摆着各种中国杂技和柔道造型的人形搭建而成，每个人的表情都十分生动，造型特别，也充分体现了中国的传统精神文化。

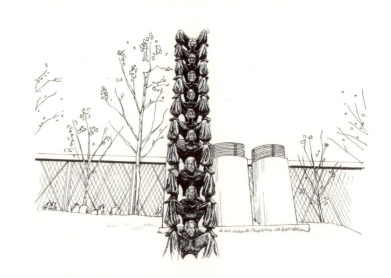

公共休息亭

Public Lounge

08级　于瑞

面对百万大军游世博的浩荡场面，公共休息亭在世博园中的地位可算得上是举足轻重了。一朵朵蘑菇状的公共休息亭在雨后的世博园中犹显特别。休息亭在提供休息场所之余，也给您的视觉带来一种全新的视觉感受。

非洲广场

Africa Plaza

08级　李椿生

非洲广场，顾名思义，汇聚了非洲的各国场馆的文化交流广场。位于C04地块，北环路以南，西环路以东，园一路以西，非洲联合馆南侧。

美洲广场
America Plaza
08级 李椿生

美洲广场主要是由立体雕塑和平面个性铺装所构成，每逢美洲国家国家馆日时广场到处充满欢声笑语，其间广场的主表演舞台同时将迎来各国丰富多彩的文化艺术盛宴。

亚洲广场
Asia Plaza
08级 李椿生

亚洲是一个文化底蕴丰富的洲际，各个国家民族文化各不相同，全世界最早的风俗文化都会在各国国家馆日通过各色舞蹈，及音乐展现出来，为世博会营造了和谐的氛围。

地铁站的入口采用透明玻璃拱形钢结构。形似一只昆虫，进入地铁站仿佛是进入了昆虫的体内，获得了相当开阔的空间。为了配合世博会，顶部还设计了超大的世博 LOGO，周围布置了很多大幅的具有中国特色的艺术展品，让观者能充分体会到世博会的热烈气氛，也尽显中国的地方特色。

地铁站
Metro

08级　朱莹

世博会轮渡
World Expo Ferry
08级　王伟

本届世博会园区分别建在浦东和浦西,在被黄浦江分割的园区内主要是由多种轮渡承担起水上公共交通运输和周边城市的旅游线路,使游客能便捷轻松地游览整个园区。

飞艇

Zeppelin
08级　王家宁

飞艇长32米，无需动力即可在高空平稳悬浮，对半径4公里范围实现实时观察。飞艇上的四台高倍摄像机可发现地面上火柴盒大小的物体。飞艇主要任务是向信息化指挥中心发送世博园区内外的人流、车流实时监控画面，负责气象环境、能见度、黄浦江水质、园区植被生长等多项监测。

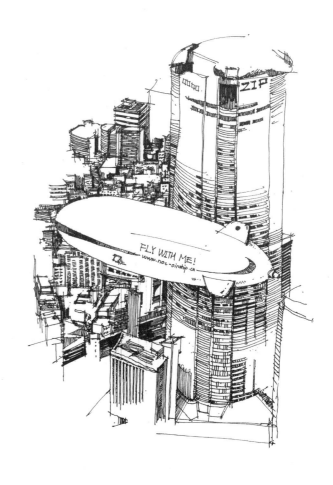

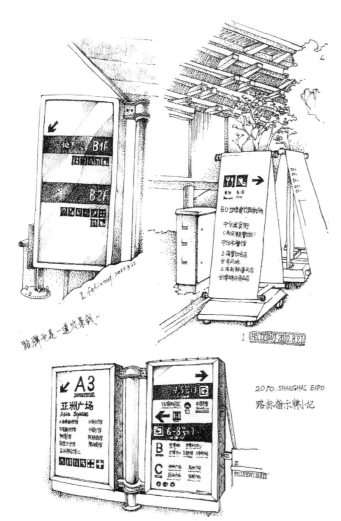

路标指示牌

Signs
08级　张伟建

世博会路标指示牌充当了静态志愿者的角色，风格迥异的路牌为游人指引方向的同时，也成为景区巧妙的点缀。

便利店
Stores
08级　石婧

世博会便利店满足世博会游客的游园需求，从纪念品到日常用品琳琅满目。精致的建筑遍布于园区各个角落，成为一道亮丽的风景。

电话亭
Telephone Booth
08级　刘正瑜

世博会电话亭采用现代简约的外形设计，加之高科技的应用，符合现代人快节奏生活的需要，世博园区中这样的公共设施使人们的世博之旅更加便捷。

街头公共直饮水机采用反渗透净水工艺，其水处理步骤是：自来水经精滤、活性炭过滤、反渗透，再经抑菌活性炭过滤，最后经紫外线消毒供出直饮水。经反渗透净水工艺处理供出的直饮水完全符合国家饮用净水水质标准，可以放心直接饮用。

直饮水
Drinking Water
08级　彭奕雄

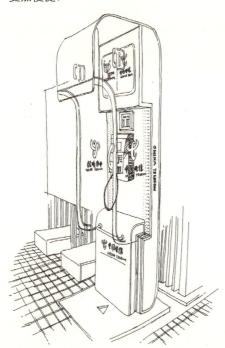

休息区
Rest Area
08级　宫莹

本届世博会本着以人为本的服务理念，在园区内合理地设置了各种休息区，也包括母婴休息区、残障休息区、志愿者休息区、司机休息区等特别的休息区，使所有游客都能更好的参观世博会。

医疗问讯处
Medical Inquiries
08级　朱亚希

在世博园内，设有多个医疗问讯处，分散在各个角落，遇到突发事件，可以及时地救助医治。

外币兑换机
XDM
08级　王灿

世博园区的"XDM"是一种多功能的自助银行设备，中文名为"外币兑换机"，具有货币兑换、自动存取款、查询等功能。其货币兑换功能是将外币（纸币）兑换成人民币（纸币加硬币）。目前受理的是美元、日元、英镑、欧元、港币五个币种。

餐馆
Restaurant
08级　王东营

世博餐厅是各国展示特色美食的竞技场，部分世博场馆满足游客好奇心的同时，也尽显本国饮食文化。

垃圾桶
Garbage Can
08级　郭晓虹

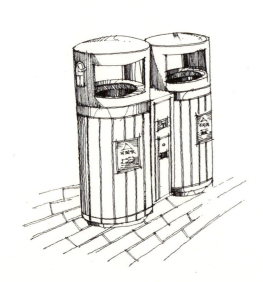

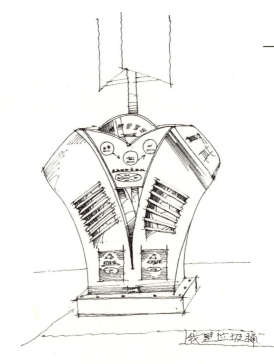

世博气力垃圾箱通过气体动力来收集垃圾箱内垃圾，并通过埋设在箱体底部的气体管网来进行运输。当箱内传感器感测到垃圾已满时，会自动发送信息给控制中心让其开启空气泵，通过管内外的压力差将箱内的垃圾吸回垃圾处理站，再进行分类回收处理。

电瓶车
Electric Car
08级　龚杏花

世博会的电瓶车主要用于载客观光、治安巡逻，方便游人游览园区的同时，也传达出一种绿色环保的概念。

公共坐椅
Bench
08级　王亚南

公共坐椅是休息区重要的组成部分，是为游人提供坐姿休息的载体。本届世博会在园区内不但合理地配置了坐椅的数量与位置，同时也迎合了环保的时代主题，大量采用环保材料作为坐椅的原料，如用废旧奶包装的压制的坐椅等。

码头

Dock

08级　王霄君

世博会园区外有4个水门，8个泊位，世博会园区内，水门码头为3个，共有8个泊位，轮渡码头6个，有10个泊位，还有1个VIP码头。世博码头用于连接浦东浦西园区，减缓了交通压力，方便游客游览园区。

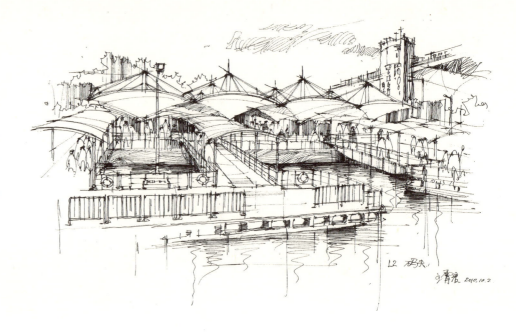

世博安检设施

World Expo Security Facilities

08级　张炫

世博安全检查是出入人员必须履行的检查手续，是世博组织保障游客安全的重要预防措施。

售卖亭
Snack Bar

08级　李椿生

在上海世博会中有很多售卖空间，在为参观者提供着服务的同时，也在展示着自己，不仅为游客提供饮食，也在世博园区起着服务导向的作用。

童车出借
Pram Borrowing

08级　许望舒

世博会专门设立的童车出借，处处表现了人性化的服务态度。

信息服务
Information Service
08级　李志昊

本届世博会的信息服务站，无论是外建站还是内设站，都承担着为游客提供免费的服务资料；如果还想有更深入的了解，志愿者可以利用手提电脑，进行信息查询；对外宾，志愿者能进行现场的英语翻译，即使是不会讲英语的外宾，志愿者也能通过服务站内的电话，进行小语种翻译；万一有突发情况，志愿者还能在急救包的帮助下，提供应急救助……

卫生间
Toilet
08级　张晋磊

世博会卫生间致力于低碳的"巧思"，卫生间中的擦手纸原料全部选自回收的牛奶饮料包装盒。在生产过程中，免除了对纸纤维的漂白程序，不添加任何荧光剂，安全卫生，可以最大限度地减少污水和废气的排放。

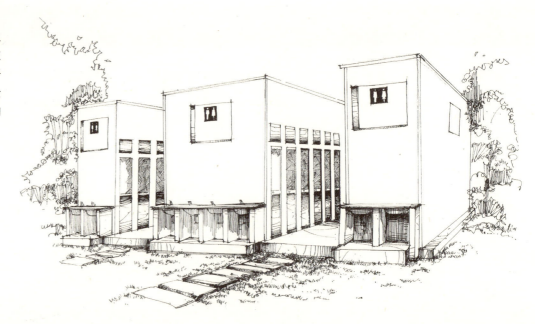

吸烟区
Smoking Area
08级　王雁飞

在世博园内分布了吸烟区，提供的点烟器方便了游客，也一定程度上避免了火灾的发生。

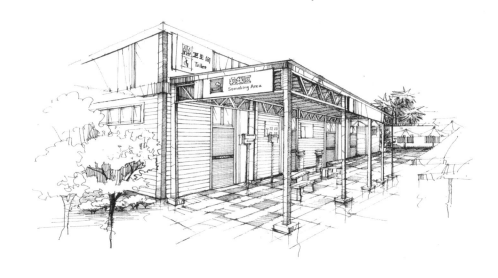

志愿者服务站
Volunteer Service Station
08级　冉行宽

志愿者作为2010上海世博会的一张名片，向全世界人民展现了中国人民的热情好客。简洁、实用，现代的志愿者服务站，采用细致、严谨的线条来设计，加上虚实结合的配景，显得靓丽、时尚。

入选作品学生名录 | Students Names List of Selected Works

后记 | Postscript

上海世博会使我们有机会直观地欣赏了各国的历史、现在和对未来城市生活的美好愿景，同时也向世界展示了中华民族博大精深的人文内涵、生机勃勃的今天与绚丽的明天。

上海世博会是世博文化对社会现代文明进程再一次的集中展现。使我们充分地感受到了人类对发展与传承的理性思索、对现代设计理念与科技发展不懈的进取。

作为中国人，应该为在中国举办的世博会寄予一份我们的情感；作为从事环境艺术设计专业教学的教师，我更应该有责任让自己的学生们通过记录世博会去思考如何继承、保留、发展城市文化，创造城市特有的历史与地域特色的现代城市景观。还应该发挥专业特长，为丰富世博文化奉献一份中国大学生的作品，"手绘世博"——记录上海世博会全部场馆建筑景观的构想因此产生。

"手绘世博"的构想伊始就得到了兄弟院校的专家、学者朋友们的肯定；组织学生"手绘世博"的教学活动从始至终得到了天津美术学院领导的大力支持和学校相关部门的通力协助。这给予了我与我的同事们组织学生在十几天内完成此项大"工程"的充分信心。

衷心地感谢中国建筑工业出版社张慧珍副总编辑对这本学生习作所给予的精心指导和鼎力支持；感谢李东禧主任的不懈鼓励和在编辑出版各个环节的具体帮助；感谢中国建筑工业出版社为本书能够及时出版而日以继夜地辛苦工作的吴绫责任编辑等相关工作人员。

翻看着收录其中的一幅幅画作，仿佛在酷暑中游历世博场馆的其情其景就在昨天。系里的老师、学生们从早到晚在园中考察、记录的辛苦，在国庆假期间日夜兼程的作画、编纂的辛劳，都因它要面世而荡然无存，师生们因此而倍感欣慰。尽管收录在这本画集里的学生速写作品尚显稚嫩，但是我们可以从中感受到这些未来的设计师们那执着的精神与聪睿的灵性，而这种不断的探索、钻研、感悟和坚持，正是有所发现、创新和有所作为者所应有的特质。

彭军　教授
2010 年 11 月 6 日于天津美术学院